U0170523

美国国家科学基金会地球科学十年愿景（2020～2030）

时域地球

地球与生命科学部地球科学与资源委员会
地球科学研究机遇促进委员会（CORES）

张　尉　段晓男　等　译校

美国国家科学院、工程院和医学院共识研究报告

科学出版社

北　京

图字：01-2023-2348 号

内 容 简 介

受美国国家科学基金会地球科学处委托，地球科学研究机遇促进委员会通过问卷调查、研讨访谈、文献调研等各种渠道，总结提出了地球科学的十年（2020~2030）发展战略，确定了 12 个优先科学问题，涉及地磁、板块构造、关键元素、地震、火山、地形、关键带、气候、水循环、生物地球化学、生物多样性、地质灾害等各个方面，还明确了为解决这些优先科学问题所需要的基础设施（如仪器设备、信息基础设施和人力资源），以及在科学项目与基础设施上可以开展广泛合作的相关机构。

本书对我国地球科学的发展规划及科技管理具有借鉴意义，可供科研、教育和管理工作者及研究生参阅。

图书在版编目（CIP）数据

时域地球：美国国家科学基金会地球科学十年愿景：2020～2030/地球与生命科学部地球科学与资源委员会，地球科学研究机遇促进委员会（CORES）著，张尉等译校.—北京：科学出版社，2023.7
书名原文：A Vision for NSF Earth Sciences 2020-2030: Earth in Time
ISBN 978-7-03-075811-8

Ⅰ.①时⋯ Ⅱ.①美⋯ ②美⋯ ③张⋯ Ⅲ.①地球科学–发展战略–美国–2020-2030 Ⅳ.①P

中国国家版本馆 CIP 数据核字（2023）第 108602 号

责任编辑：孟美岑 韩 鹏 / 责任校对：何艳萍
责任印制：吴兆东 / 封面设计：北京图阅盛世

科 学 出 版 社 出版
北京东黄城根北街 16 号
邮政编码：100717
http://www.sciencep.com
北京建宏印刷有限公司 印刷
科学出版社发行 各地新华书店经销
*
2023 年 7 月第 一 版 开本：B5（720×1000）
2023 年 9 月第二次印刷 印张：9 3/4
字数：194 000
定价：118.00 元
（如有印装质量问题，我社负责调换）

中 文 版 序

　　地球科学一直是欧美发达国家持续支持的基础研究领域，20世纪美国发起的"大洋钻探"等一系列大科学计划改变了人类的地球观，为我们获取资源和能源开辟了全新的途径。正是地球科学原创性的理论研究成就，为20世纪中叶之后全球经济的高速和持续发展提供了资源保障。近年来，一些发达国家从自身发展战略需求出发，特别强调全球变暖对人类社会的影响。碳减排极端主义者甚至将气候变化异化为关系到"人类文明是否能够延续"的问题。人类活动有可能加剧气候变暖，成为自然环境恶化的诱因，或引起阈值效应的发生，但我们切不能忽视地球气候系统的自我调节能力。从地球演化历史来看，不管自然界发生何种灾变，地球生物圈都能自我恢复，受影响的是不能适应环境的物种。我们不应该忘记，20世纪人们普遍担忧"人口爆炸"问题，担心我们的地球无法承载快速增长的人口。可目前的实际情况是许多国家的人口已经出现下降趋势，而且这个趋势是全球性的。马尔萨斯预言会出错，同时也需要警惕碳减排极端主义者带给我们的危害。科学判断人口、能源、碳减排等与民生密切相关的重大问题未来发展趋势，是关乎到我国能否实现创新型国家的关键所在。

　　为适应人类社会高速发展的需求，科学与技术的发展需要创新研究范式和变革性新技术。未来地球科学的热点与前沿是将地球内部、表层及近地空间看作统一的地球系统进行研究。与太阳系宜居带其他行星相比，活跃的地球内部动力过程造就了地表观测到的板块运动、火山喷发以及地震活动。正是活跃的内部动力过程，为地球提供了维系生命所需的物质、能量和宜居环境。地球内部动力过程驱动了碳-氢-氧-硫元素在地球内部与地球表层及近地空间之间的循环，这些元素含量的变化对地球生命的宜居环境状态有重要影响。碳循环是地球气候系统最直接的控制因素之一，氢循环与水和油气等资源密切相关，氧循环决定了地球生命繁盛与否，硫循环是海洋生命系统和多种矿产资源形成的决定因素。

　　在太阳系形成的早期，地球、火星、金星大气中的CO_2含量几乎是相同的。目前火星大气的CO_2含量为95%，金星为97%，地球只有0.04%。地球与火星、金星的大气CO_2含量差别如此巨大，主要原因是地球的板块构造运动将地表系统的碳带入地球深部。从地球演化的角度讲，人类排放的CO_2对地球气候系统碳循环仅仅是短暂的扰动。大气和海洋的碳含量仅占地球系统可循环碳的5%左右，研究全球变化不能忽略另外95%存在于地球内部的可循环碳。我们对地球系统碳循环过程、机制及其演化还缺乏精准认识，这是"碳中和"面临的理论挑战之一。

这一全球性战略活动涉及的核心科学问题是跨圈层、多尺度碳循环与地球气候系统的互馈，未来亟待地球科学家在该领域提出原创的理论与技术，这也是我们必须解决的国家重大战略需求。

氧气浓度变化影响物种的起源和演化，地球历史上大气中氧气浓度数次波动与物种灭绝高度吻合。氧循环中一些关键的生物、化学过程将地球系统各圈层紧密联系起来，经过长时间的演化，形成了充满生机活力、生命宜居的环境，问题是我们并不清楚地球增氧的机制是什么。从大气圈-水圈-生物圈相互作用的角度，传统观点认为是蓝细菌的光合作用。然而，蓝细菌早在 38 亿年前就已出现，为什么直到 23 亿年前才出现大氧化事件？因此，地球增氧是困惑人类的难题。地球系统内部过程影响地表生物活动，二者又通过复杂非线性相互作用和反馈机制共同影响地球宜居环境。研究不同时间尺度氧循环，是认识地球系统演化、预测未来的重要途径，也是人类知之甚少的领域。需要多学科通力合作，共同厘清氧循环在不同时间尺度上的相互作用与演化机制。

流体/挥发分是地球的血液，它不仅将物质、能量的传递与大规模构造活动相联系，而且控制着人类所需资源能源的形成与富集。地球上现有近 6000 种矿物，其中约 2/3 是在生命出现之后形成的。从地球系统的角度研究战略性大宗与稀有矿产资源的形成机制是解决国家战略需求的重要前沿课题。

地球科学的发展特别依赖于观测与实验新技术以及人工智能。未来要有所作为，必须加强高新技术在地球科学领域的应用，培养和吸引技术人才队伍，获取更多高质量的科学数据。与此同时，也要加强地球科学与数据科学的深度交叉融合，促进地学研究范式的转变。

经历了改革开放 40 余年的洗礼，中国已经具备引领全球地学发展潮流的能力，目前处于由并行到引领转折的关键期，我们需要有定力，创建"社会发展与宜居地球协同演化"的新理论，这既是挑战也是机遇。

美国国家科学基金会（NSF）每隔十年发布指导未来地球科学发展方向的报告。这次发布的 *Earth in Time*（《时域地球》），不仅展望了未来地球科学的优先科学问题，而且强调地球科学已经从多学科研究发展到了超越学科界限的研究阶段，阐述了技术方法及基础设施建设的重要性，以及全方位国际合作学科特征，这些都值得我们思考和借鉴。希望《时域地球》能给读者以启迪，并助力中国地球科学的发展。

2023 年 5 月 4 日

前　言

作为地球科学领域的局外人，我想基于我的个人视角简要介绍一下这份报告。虽然我的学术背景是海洋学，但我曾在美国国家航空航天局和国家科学基金会工作过几年，并参与了另外两项近期的十年调查——"海洋变化：2015~2025 海洋科学十年计划"和"在不断变化的星球上蓬勃发展：太空对地观测十年战略"。因此，我对一个十年报告的制定过程有些心得，并对其潜在影响有深切认识。

在委员会的研讨中，地球科学研究的重要性让我印象深刻。尽管这些科学领域对我来说大部分都是全新的，但我很快领会到，地球科学处（EAR）支持主题如此广泛的研究是多么激动人心。同时，我还了解到，EAR 的许多研究正是社会最需要的科学内容，如火山喷发、地震、滑坡、地表及地下的元素分布、气候变化、全球水循环的变化、地质学与生物学之间的关系等，这些研究领域都反映在了这份报告的科学问题中。这些研究不仅令人信服，而且对我们在地球上的福祉至关重要。此刻正值新冠疫情期间，在我写这篇文章时，委员会正在修订报告的终稿。几年前，丽塔·科尔韦尔（Rita Colwell）博士及其同事证明了环境过程如何助长霍乱病菌的传播。也许加强地球科学与人类健康之间联系的研究，可以帮助我们更好地理解其他有害病原体的传播过程。

我对委员会的合作以及他们对待任务的认真态度感到非常满意。当然，有时在内容、措辞和结构安排方面会有分歧，但这些讨论始终是专业的，并尊重其他成员的观点。此外，委员会成员也意识到他们有责任代表更广泛的地球科学研究群体，并密切关注我们在会议、问卷调查、公共会议和意见听取会上收到的反馈。

报告在保持 EAR 预算水平的前提下，还要展现对未来的乐观看法，这是一个挑战。正如人们预料的那样，我们可能稍微有点过于乐观了。

我代表委员会感谢那些抽出时间与委员会交流，并向我们提供大量必要信息的各界人士。最后，特别感谢国家科学院的工作人员，他们努力确保我们按时、按原则完成任务。没有他们的努力，我们不可能在既定的时间内完成这份报告。

地球科学研究机遇促进委员会（CORES）主席：
詹姆斯·A. 约德（James A. Yoder）

目　　录

概　　要

从地球初始到现今，从地核到大气，从微生物与岩石的相互作用到造山运动的热对流及板块构造，地球系统各组成部分以人类意想不到的方式相互联系与作用。虽然探索这些联系的过程本身很有趣，也具有很高的学术价值，但研究的紧迫性在于我们亟需理解怎样才能保持人类文明和生物多样性的可持续发展。过去十年，地球科学家把地球视为一个整体，在理论、技术、计算和观测方面取得了进展。展望未来，人类探索地球的步伐将不断加快。

美国国家科学基金会（NSF）地球科学处（EAR）是美国资助地球科学研究的主要联邦机构，致力于推动美国基础科学的进步，让公众更好地理解地球科学对社会的价值。EAR 资助的研究项目类型多样，包括基于个体研究者的研究项目、多位研究者的合作项目、设施的投资，以及 NSF 下属的地球科学部（GEO）[包括 EAR、海洋科学处（OCE）、大气与地球空间科学处（AGS），以及极地项目办公室（OPP）] 各部门提议的项目等。在跨领域方面，EAR 还与 NSF 其他部门、其他联邦机构或国际机构开展合作，为地球科学家提供必要的研究支持和基础设施建设。

2018 年，EAR 邀请美国国家科学院、工程院和医学院（NASEM）下属的地球科学与资源委员会共同开展了一项"十年调查"，旨在为未来地球科学研究的优先事项、基础设施建设和合作关系等给予指导（完整的任务说明见专栏1-1）。本报告是这些任务成果的展示，阐述了令人信服和充满活力的地球科学研究愿景。

优先科学问题

委员会的首要任务是明确优先科学问题，从而指导 EAR 未来的工作。一个重要的考虑是：所确定的科学问题要能代表地球科学界广泛多样的研究兴趣。委员会通过网络问卷调查、内部研讨、同行访谈、学术咨询，以及对业内报告和科学论文进行全面的文献综述等多种渠道，了解到社会各界人士对地球科学的研究方向、基础设施、合作关系和培训等方面的意见建议，从而确保未来地球科学研究具有活力并能可持续发展。基于上述工作，委员会确定了 12个能够展现地质年代的重要性、地球表层与深部之间的联系、地球与生物的协同演化、人类活动的影响，以及其他具有现实意义的优先科学问题。按照从地核到大气的空间顺序，这些问题如下所示：

1. 地球内部磁场是如何产生的？

了解地磁发电机随时间变化的能量来源和控制其变化速率的因素，对于认识从地球内部到大气层的相互作用，以及地磁场对人类活动的影响至关重要。

2. 板块构造运动何时、为何及如何启动？

板块构造产生并改变着大陆、海洋和大气。但对于板块构造何时在地球上出现，为什么发生在地球而不是其他行星上，以及板块构造随时间会如何发展变化，目前人们仍然缺乏基本的认识。

3. 关键元素在地球上如何分布与循环？

关键元素的循环对地质过程至关重要。它为生命创造了适宜条件，并为人类现代文明提供了必要的物质基础。然而，地球内部这些元素如何在不同的时空尺度上进行运移，仍是需要研究的基本问题。

4. 什么是地震？

地震破裂是一个复杂的过程。地球以各种方式和不同的速率发生变形，促使地球科学家重新思考地震的本质及其驱动力。

5. 火山活动的驱动力是什么？

火山喷发对人类、大气圈、水圈和地球系统都有着重大影响，因此，迫切需要对岩浆在全球不同环境下的形成、上涌和喷发机理，以及火山系统在整个地质历史时期的运行方式等基础问题开展研究。

6. 地形变化的原因和后果是什么？

新的测量技术可以揭示从地质时间尺度到人类时间尺度的地形变化，并有助于探究地球深部与地表之间的内在联系，应对地质灾害、资源和气候变化等紧迫的社会挑战。

7. 关键带如何影响气候？

地球的活性皮肤（reactive skin）——关键带影响着陆地与大气之间的水汽、地下水、能量和气体的交换。它对气候的响应与反馈是理解地球系统以及应对全球变化的重要组成部分。

8. 地球的过去对气候系统动力学有什么启示？

地球历史上长期和快速的环境变化留下了证据，提供了与现代气候变化进行比较的关键基准，有助于阐明地球系统动力学，了解气候变化的幅度和速率，并在预测未来气候变化方面发挥关键作用。

9. 地球的水循环是如何变化的？

要理解水循环当前和未来的变化，需要从根本上理解陆地水循环系统，以及水循环与其他物理、生物和化学过程相互作用的方式。

10. 生物地球化学循环是如何进行的？

生物的长期作用影响着岩石矿物的形成与风化、碳循环以及我们所呼吸的空气成分。为了量化生物的这些作用，需要对生物地球化学循环有更深入的了解。

11. 地质过程如何影响生物多样性？

生物多样性是地球的一个重要特征，但人类尚未完全了解它的形成过程。我们需要研究生物多样性随时间、环境、地理位置的变化而发生变化的方式及原因，特别是像生物大灭绝这样的重大地质事件。

12. 地球科学研究如何降低地质灾害的风险与损失？

地质灾害的量化和预测分析对于降低灾害风险和不利影响、保护人民生命和财产安全，以及保护基础设施至关重要。

这12个问题凸显了地球过程相互关联的本质。可将这些独立的研究问题概括为以下几点：首先，地球是一个活跃、动态、开放的系统，所有组成部分彼此相互作用并共同塑造着地球的形态；其次，复杂的地质、地球化学、地球物理和生物演化进程，在广阔的时空尺度上调控着地球系统的相互作用；最后，将地球视为一个整体系统（包括人类作为新的地质营力），认识它现今以及过去的演化过程，对于预测自然与人为的变化将如何影响人类社会至关重要。为应对这些优先科学问题，EAR需要在核心学科项目持续投入，并在个体研究和大型项目之间保持一种平衡。

基础设施与设备

未来对地球及其组成物质的观测，要比以往任何时候都更加依赖于对新兴技术、数据分析及科研基础设施的整合。支持 EAR 研究所需要的基础设施主要包括：观测和测量仪器，收集、分析和归档信息的软件，模拟地球系统过程的信息基础设施，以及开发、维护和操作仪器及软件所需的专业技能。本报告介绍了 EAR 目前资助的研究人员所使用的基础设施，以及未来为解决上述优先科学问题所需要的基础设施。

EAR 已资助了 30 套多用户设备，为地球科学界提供了基础设施和专业技术。对于大型设施，除了提供仪器设备、信息基础设施，还要结合培训工作，为研究人员提供帮助；对于大多数小型设施，强调的是基于仪器或基于信息的基础设施。委员会发现，EAR 现在提供的基础设施设备与未来要解决的优先科学问题所需的基础设施之间存在密切联系（见表 S-1）。此外，EAR 研究人员使用的一系列设备也得到了 GEO 各部门、NSF 其他部门和其他联邦政府机构的支持。

未来十年，需要一系列仪器、设施和专业技能来充分地研究这些优先科学问题。不断改进的基础设施，如地震和大地测量装置、可快速响应和部署的仪器、适用于不同环境条件的实验室设备，以及可获得地球历史上火成岩/变质岩/构造过程高质量记录的高端实验分析仪器（如高精度的地质年代学仪器）等，可以在更高的时空分辨率上观测与监测当前的地质过程，对地核与地磁、板块构造、关键元素、地震、火山等研究有极大的帮助。

对于地形、关键带、气候、水循环和地质灾害等问题，需要的数据和技术手段包括：能够监测变化的高分辨率数据和长期测量数据；对物质性质进行地下表征；用于研究过程的长期观测站与实验流域；降水和径流监测站；用于记录水、固体通量及其驱动因素，以及水汽、气体和溶质含量的野外仪器；基于卫星的观测数据；对地质年代和地质过程速率的量化；古环境代用指标的测量分析。

对于生物多样性和生物地球化学循环相关的问题，其研究进展取决于时空约束条件下的古生物学、地球化学、基因组学、地层学和沉积学记录，精确的地质年代学，以及对环境代用指标过程的理解。

所有这些问题都要求在高性能计算、改进建模能力、加强数据管理和标准化，以及用于整合不同类型记录的信息基础设施等方面取得进展。

为了对 EAR 支持下的基础设施进行更透明的评估，委员会鼓励 EAR 建立一套指标体系，能够用来评估从单个设备到整个 EAR 基础设施组合的效益和影响。

建议：按照制定的标准对 EAR 支持的设备和基础设施组合开展定期评估，以便确定未来基础设施的资助优先次序，根据需要停用一些设施，从而适应不断变化的优先科学问题。

表 S-1　优先科学问题与现有基础设施与设备之间的关系

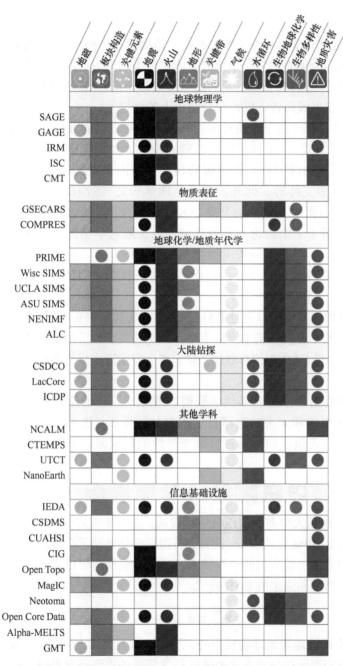

第一列缩写：

SAGE：促进地球科学发展的地震设施；GAGE：促进地球科学发展的大地测量设施；IRM：岩石磁学研究所；ISC：国际地震研究中心；CMT：全球矩心矩张量计划；GSECARS：地球-土壤-环境先进辐射源中心；COMPRES：地球科学物质性质研究联盟；PRIME：普渡大学稀有同位素实验室；Wisc SIMS：威斯康星大学二次离子质谱实验室；UCLA SIMS：加州大学洛杉矶分校二次离子质谱实验室；ASU SIMS：亚利桑那州立大学二次离子质谱实验室；NENIMF：东北国立大学离子微探针设备；ALC：亚利桑那州激光测年中心；CSDCO：大陆科学钻探协调办公室；LacCore：国家湖泊岩心设施；ICDP：国际大陆科学钻探计划；NCALM：国家航空激光测绘中心；CTEMPS：环境变化监测项目中心；UTCT：得克萨斯大学高分辨率计算机 X 射线断层成像设备；NanoEarth：弗吉尼亚理工大学国家地球与环境纳米技术基础设施中心；IEDA：跨学科地球数据联盟；CSDMS：地表动力学建模系统；CUAHSI：水文科学发展大学联盟；CIG：地球动力学计算基础设施；OpenTopo：开放地形高分辨率数据及工具设施；MagIC：磁学信息联盟；Neotoma：纽布马古生态学数据库；Open Core Data：开放岩心数据库；Alpha- MELTS：一个硅酸岩系统热力学软件；GMT：通用制图工具。

注：报告中优先科学问题列在表的上方，现有的基础设施与设备列在表的左侧。彩色方块表示能支持解决优先科学问题的设施，彩色圆圈表示与优先科学问题相关的设施。该表的依据来自于设施提供的相关描述、NSF 的资助摘要，以及学界意见调查表。

举措建议

委员会就 EAR 和地球科学界可能会考虑的新举措提出了一些建议。之所以选择这些举措，是因为它们为优先科学问题研究带来了变革的潜力，同时解决了现有基础设施与所需基础设施之间的差距。所有这些举措都来自 EAR 研究人员的研讨、同行意见、学界白皮书或报告，以及公开会议上的演讲。

在多年来学界的参与和支持下（通过编写白皮书、对之前的业内报告的认可和向 NSF 提出建议等方式），下列举措得以顺利推进，如创建国家地质年代学联盟、建立近地表地球物理中心、为美国的超大型多面顶压机（multi-anvil press）用户设施提供资金支持等。此外，俯冲带四维研究（SZ4D）计划近年来也得到了学术界的大力支持，包括一个受 NSF 资助的大型研讨会和三个研究协调网络（RCNs）。对于下文讨论的其他计划，如大陆科学钻探、建立地球档案和大陆关键带研究，学界都不同程度地参与了方案的制定。为进一步推动这些工作，地球科学界需要通过研讨会、白皮书和协调机制（例如 RCNs）等开展更广泛的交流。

委员会认为，无论如何都不能以牺牲 EAR 核心学科为代价来实现这些计划。自 2010 年以来，EAR 的年度预算基本保持不变，但受通货膨胀等因素的影响，其实际价值有所下降。如果 EAR 的预算继续下降，那么要实现本报告所强调的计划将极具挑战性。

建议：EAR 应该资助国家地质年代学联盟。对地质过程的年龄和速率进行更准确的测定，对于当前和未来的地球科学研究至关重要。地质年代学联盟将更好地支持 EAR 研究人员，同时通过开发变革性的新仪器、新技术和新方法来促进科学发现。

建议：EAR 应该资助超大型多面顶压机用户设施。定量研究岩石、矿物和熔体的物理和力学性质是 EAR 研究的基石。然而，美国目前仍然缺乏合成新样品以及开展关键物理特性和变形实验所需的一些技术。适当的资助将促进岩石矿物物理实验的发展，并推动当前和未来的 EAR 研究。

建议：EAR 应该资助近地表地球物理中心。地球近地表区域（从地表到数十乃至数百米深）的地球物理勘探已成为许多地球科学领域的重要研究手段。该中心将为解决优先科学问题提供所需的仪器、技术支持和培训，开展新的观测实验，从而提出新的科学问题和见解。

建议：EAR 应该持续推动 SZ4D 计划的社区建设，其中包括火山喷发响应社区网络（CONVERSE）。 这项由科学界主导的计划旨在更深入地了解俯冲过程。这些俯冲过程是地球内部演化的驱动力，引发了地震、海啸和火山等破坏性的自然灾害。

建议：EAR 应该鼓励学界积极探索大陆关键带计划。 为了进一步了解水、碳和营养元素的循环，地貌的演变和灾害预测，以及土地与气候之间的相互作用，需要对大陆关键带进行更为精细的刻画。

建议：EAR 应该鼓励学界积极探索大陆科学钻探计划。 改进研究人员参与大陆科学钻探的相关制度，有助于获取连续的地质记录，这是解决许多优先科学问题的必要条件。

建议：EAR 应该推动成立一个社区工作组，建立对现有和未来实物样品进行归档和管理的机制，并为这些工作提供资助。 随着新问题和分析方法的不断涌现，收集到的实物样品和相关的元数据在多年后对科学家来说仍有宝贵的价值。因为即使人们有时间有经费，也不一定能采到类似的样品，有些样品具有独特性和短暂性，且有些采样点很难再次抵达。

对信息基础设施的建议

委员会还提出了一系列建议，旨在通过改进用于支持计算和建模能力的信息基础设施，以及开展数据的集成、融合和管理来推进 EAR 研究。地球科学正处在数据获取能力与计算需求快速增长的阶段，应用数据的模型在不断进步，硬件条件也必须不断改善。要解决优先科学问题，不仅需要较强的计算能力和新的数据集成方法，以便能够对地球结构进行高分辨率成像，还需要对物理、化学和生物过程进行系统建模，从而更好地对地球的动态演化进行反演。

建议：EAR 应该成立一个基于学术界的常设委员会，来针对信息基础设施的需求和进展提出建议。 为了在未来十年对资源进行更好的配置，EAR 需要就研究人员的需求、信息基础设施的发展以及快速变化的计算环境提供定期指导。

建议：**EAR 应该制定并实施一项战略规划，来支持学术界的数据符合 FAIR 标准**。对于在 EAR 资助下获得的数据，FAIR[①]数据标准可以延长其使用年限，提高其实用性和影响力。尽管 NSF 有意推动 FAIR 项目，但财务成本使得 EAR 在预算级别上难以长期支持规范化的数据存储工作。

对人力资源的建议

委员会强调了对人力资源的需求。在科学、技术、工程和数学（简称 STEM）领域中训练有素的人员，是地球科学基础设施的重要组成部分，他们对于未来的科学研究突破以及解决与地球科学相关的社会问题具有重要意义，但在地球科学和数据科学领域，招聘并留住具有专业知识且综合素质较高的高水平人才队伍仍然极具挑战。

建议：**EAR 应该进一步加强领导、资助和统一指导，以增强地球科学界内部的多样性、公平性和包容性**。在研究和合作的过程中开放讨论并接纳不同的观点，有助于团队创新、解决问题和提高效率，还可以加强学术界与社会的联系。

建议：**EAR 应该提供长期资助，以维持和发展技术人员的能力、稳定性和竞争力**。为了让下一代的地球科学家能适应技术含量越来越高的领域，需要增加财政支持，让高水平技术人才帮助解决复杂地球系统的分析、计算和仪器开发设施等方面的问题。

要将关于信息基础设施和人力资源的建议落到实处，不但需要资金投入，而且需要地球科学界在政策和实践方面做出重大调整。

合作伙伴关系

为了满足不断发展的地球系统研究，而不只是满足地球科学的内部需求，EAR

---

① FAIR：可查询、可访问、可交互、可重复使用。参见 Wilkinson, M. D., M. Dumontier, I. J. Aalbersberg, G. Appleton, M. Axton, A. Baak, N. Blomberg, J.-W. Boiten, L. B. da Silva Santos, P. E. Bourne, J. Bouwman, A. J. Brookes, T. Clark, M. Crosas, I. Dillo, O. Dumon, S. Edmunds, C. T. Evelo, R. Finkers, A. Gonzalez-Beltran, A. J. G. Gray, P. Groth, C. Goble, J. S. Grethe, J. Heringa, P. A. C. 't Hoen, R. Hooft, T. Kuhn, R. Kok, J. Kok, S. J. Lusher, M. E. Martone, A. Mons, A. L. Packer, B. Persson, P. Rocca-Serra, M. Roos, R. van Schaik, S.-A. Sansone, E. Schultes, T. Sengstag, T. Slater, G. Strawn, M. A. Swertz, M. Thompson, J. van der Lei, E. van Mulligen, J. Velterop, A. Waagmeester, P. Wittenburg, K. Wolstencroft, J. Zhao, and B. Mons. 2016. The FAIR guiding principles for scientific data management and stewardship. Scientific Data 3（1）：160018. DOI：10.1038/sdata.2016.18.

与 GEO 各部门之间建立了牢固的合作关系。地球系统的组成并非像 GEO 各部门一样有行政界限。为了满足日益增长的跨学科研究需求，NSF 正在推进跨部门和跨领域的多个项目，如海岸线与人（CoPe），粮食、能源和水资源纽带关系研究（INFEWS），EAR 都在其中发挥了积极作用。

建议：EAR 应该与 GEO 其他处和其他机构合作，为跨界的海岸带、高纬地区、大气-陆地界面等交叉科学研究提供资助。NSF 各部门、联邦机构和国际合作伙伴在基础研究和应用研究上的交叉点，提供了许多合作或协作的机会。如加以实施，不仅可以获得更高水平的研究成果，而且可以更有效地利用相关基础设施与设备。

随着跨学科与跨领域研究越来越普遍，各种正式和非正式合作得以加强和拓展。一个灵活的 EAR 可以快速响应基础科学和跨学科研究中不断变化的前沿技术。向政策制定者和公众阐明 EAR 研究的重要性，依然很必要。在与 NSF 其他部门和联邦机构的讨论过程中，反复出现的两个主题，一是 EAR 与 NSF 其他部门已成功建立了合作关系，二是 EAR 富有成效地参与了跨部门、跨机构和国际合作。

美国国家航空航天局（NASA）、美国能源部（DOE）和美国地质调查局（USGS）为 EAR 的研究提供了重要支持。EAR 有许多与其他联邦机构继续或扩大这种合作关系的机会。EAR 与 NASA 和 USGS 的合作包括：量化含水层和水库的储水量，了解影响海平面上升的过程，与火山、地震和滑坡有关的基础研究（包括对人群和受灾区的风险和影响），对生物地球化学过程影响的研究。所有这些领域都与 EAR 的研究有关，卫星和航空遥感也有可能参与到详细的过程研究和地面观测研究中。此外，DOE 在支持地球科学研究的同步辐射相关基础设施方面投入了大量资金。

建议：EAR 应该积极与 NSF 其他部门和其他联邦机构合作，促进面向社会的创新研究。当存在巨大的共同利益，以及学界的大力支持和积极参与时，跨部门和跨机构合作才能发挥出最佳效果。确定 NSF 与其他机构在哪些领域能开展合作可能很关键，这也是一个挑战，因为其他机构资助研究课题的灵活性往往不如 NSF。但若能达成合作，势必会带来极大的好处。然而，发展和维系合作关系需要工作人员投入更多的时间和精力，因此，超负荷的行政工作量是建立伙伴关系的一个潜在障碍。

地球科学十年愿景

EAR 的使命比以往任何时候都更为重要和紧迫，不仅面临着重大的科学发现机遇，而且有可能产生深远的社会影响。今天的地球科学格局与十年前大不相同。

地球科学认知上的不断进步使得社会可以更好地应对这个不断变化的星球所带来的挑战，尤其是在科学进步能够有效传播给公众的情况下。在这个众志成城的时刻，我们需要人员组成多元、科学目标多样的地球科学家团队，分可独立作战，聚可合力攻关，能够不断创新和应用前沿理论、计算工具和野外方法技术，从而在一个开放的环境中迅速取得成功。

第1章 导　言

　　地球表层、地球内部、海洋、大气圈、冰冻圈和生物圈构成了一个复杂的相互作用的系统，它们通过物理、化学和生物过程彼此联系，在毫秒—数十亿年的时间尺度以及原子—行星的空间尺度上运行。陆地实际上处于不断变化之中：在生物过程、化学反应和物理侵蚀作用下，随着地质年代的推移，板块构造驱使岩石圈形成、变形与破坏；突然发生的灾难性变化，如大型地外天体撞击、冰川消融诱发洪水、超级海啸和溢流玄武岩的火山作用等；当然，还有与日俱增的人类活动。

　　地质记录揭示了这些多重且深刻的变化对地球特征和宜居性产生的重大影响，例如：

- 45 亿年前，地球通过增生和分异作用，形成了富铁的地核和全硅酸盐地球；
- 地球液态外核的地磁发电机后续发展出磁场，使得等离子体辐射发生偏转，从而保护地球的大气和海洋免受侵扰；
- 板块构造的出现（时间尚未明确）导致地壳和地幔发生分异作用；
- 大氧化事件永久地改变了 24 亿年前地球表层的化学属性，并最终导致生物的形态结构和生理功能的多样性增加；
- 发生在 6.3 亿年前的"雪球地球"事件使地球包裹在冰的世界中；
- 大火成岩省如西伯利亚大火成岩省的形成，与 2.52 亿年前已知的最极端的灭绝事件在时间上相吻合；
- 6600 万年前发生的大型地外天体撞击和/或德干大火成岩省喷发，导致恐龙在白垩纪末的灭绝事件中灭亡；
- 5600 万年前的无冰世界，气温及大气中的 CO_2 含量飙升，触发了古新世–始新世极热事件（PETM）；
- 过去几百万年内冰期反复出现，就在 1.1 万年前，大片陆地还被厚达 1 英里[①]的冰层覆盖；
- 在当前的人类世，人类作为一种地质营力出现。

　　这些事件重塑着地球，并强调了这样一个事实：我们生活在一个非凡且充满活力的星球上（见图 1-1）。

　　显而易见，"将今论古"是地球科学领域的重要基本原则。反之亦然，地球历史上的种种场景也为了解当下的地球提供了关键线索，这对预测地球的未来至关

---

① 1 英里≈1609.344 米

重要。委员会选择"时域地球"作为报告的标题，是因为人们迫切需要知道，地球会如何随地质时间而演变，进而影响地球的宜居性。

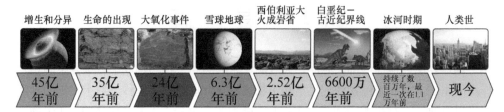

图1-1 地球发生了巨大且深刻变化的标志性时间被称为"地球深时（Earth's deep time）"
这条时间轴展示了地球历史上一些重大的转折事件，从最初星球的形成，到正在进行的人类世。资料来源（从左到右）：唐·戴维斯（Don Davis），委员会，WikiCommons，NASA，本杰明·布莱克（Benjamin Black），Anibal/Adobe Stock，NASA，Pixabay

对未来的不确定性源于人类正在深刻地改变着地球系统。自然界和人类文明面临一系列灾害的挑战。随着城市化进程的推进，风险还在急剧增加，影响也越来越大。在沿海区、地震和火山活跃区及气候脆弱带等灾害多发区域，情况尤为突出。21世纪随着人口增长，社会对可获取的淡水、土壤、能源和关键矿产的依赖不断增长，而地球赋存的资源难以满足人们的需求，地球"取之有尽"的特点逐渐凸显。迅速变化的气候加剧了挑战并带来了新的压力，这些压力来自于海平面上升、干旱、极端降雨、强风暴和野火，以及突然变化的生态系统。

对复杂的地球系统形成全面的科学认知是地球科学家的工作。这项任务本身就很有趣，值得去探索和追求。但更重要的是，地球对于人类文明以及生物多样性的可持续发展至关重要，从这个意义上讲，开展这些研究才显得更加紧迫。地球的每个组成部分——大气圈、水圈、冰冻圈、生物圈以及地球表层和内部，本身都是复杂的，这些组成部分也并非独立运行。地球内部的大部分区域都无法直接观测，有关地球深部的认识只能通过成像、实验室和计算的方法来推断。虽然获取地下几米到几十米浅层区域信息的技术趋于成熟，但是积累的数据还远远不够。

新型传感器技术以及不断提升的野外和实验室分析能力，正从原子到全球尺度改变着人们的观察方式（见图1-2）。计算机的模拟速度越来越快、越来越精确，也越来越能反映出地球真实的多尺度复杂性。地质年代学、地球化学、分子生物学和系统发育学等方面的突破，使人们对地球的认识发生了革命性的改变。近期数据科学的进展，如机器学习，将有可能从海量、高维的数据集和模拟中提取出新的见解。

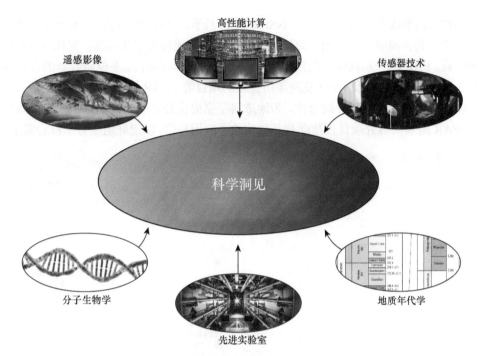

图 1-2 遥感影像、传感器技术、高性能计算及实验室与野外技术方法（如分子生物学和地质年代学）的进步，正在迅速改变我们解析地球及其深时历史细节的能力

资料来源：遥感影像——美国国家海洋和大气管理局（NOAA）；高性能计算——Pixabay；传感器技术——国家能源技术实验室（NETL）；分子生物学——Pixabay；先进实验室——DOE；地质年代学——USGS

理论上的突破对理解地球系统同样重要。例如，板块构造理论让之前令人困惑、看似无关的一系列观测结果顿时变得井然有序。通过创立和发展新的理论，复杂的现象最终得以揭示，例如：夏威夷和其他火山群岛因侧翼多次突然坍塌而发生特大海啸，华盛顿东部的沟槽疤地（Channeled Scabland）形成于更新世的大洪水事件，以及切萨皮克湾（Chesapeake Bay）现在的构造受到了 3500 万年前地外撞击的深刻影响。本质上讲，基础研究的突破难以预测，但不管怎样，本报告强调了一些前沿的研究机遇，这些将增进人们对地球系统的理解。EAR 将地球表层和内部作为其研究重点，就是希望寻求这些机遇。

1.1 NSF 地球科学部和地球科学处

EAR 的研究重点是地球的结构、组成、演化及其支持的生命，以及那些控制着地球物质的形成及行为的过程①。NSF 的地球科学部（GEO）设置基本上与地球系统定义下的各圈层（大气圈、海洋圈、冰冻圈以及地球表层和内部；见图 1-3）对应一致。EAR 的一系列研究包括基于个体研究者的研究项目、多位研究者的合作项目、设施的投资，以及 GEO 及跨部门提议的项目等。EAR 还与 NSF 其他部门、其他联邦机构或国际机构开展合作，为地球科学家提供必要的研究支持和基础设施建设。EAR 的基础研究项目还帮助联邦机构改善应用科学，以便好地服务于社会需求。

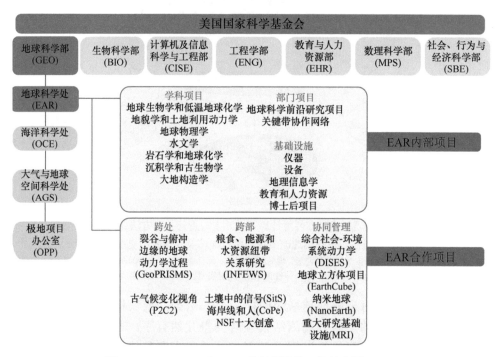

图 1-3　NSF、GEO 和 EAR 的组织结构。资料来源：NSF

EAR 的项目组织结构分为两类：学科项目和综合活动。学科项目（通常被称为"核心项目"）包含地球生物学和低温地球化学、地貌学和土地利用动力学、地球物理学、水文学、岩石学和地球化学、沉积学和古生物学以及大地构造学。综合活动包括 EAR 教育和人力资源（EH）项目、地球科学仪器与设备（IF）项目、地球科学前沿研究（FRES）项目和 NSF 地球科学博士后奖学金。学科项目同时也会利用其他联邦机构开发或运行的重要基础设施。

此外，EAR 还与其他部门开展跨领域合作。合作内容包括：信息基础设施和数据管理类项目，如信息基础设施的持续科技创新（CSSI）、地理信息学（GI）和促进生物多样性收藏数字化（ADBC）；教育类项目，如改善本科生 STEM

① 参见 https://www.nsf.gov/geo/ear/about.jsp[2020-1-29]。

教育：通往地球科学的途径（IUSE：GEOPATHS）；科学与工程领域和 NSF
TRIPODS 研究机构之间的合作（TRIPODS+X）项目；以及跨学科和学科融合
类项目，如土壤中的信号（SitS）、关键带协作网络（CZNet）、可持续发展的
关键点（CAS）、生命起源（Origin of Life）和古气候变化视角（P2C2）。自 2017
年以来，NSF 一致通过的"十大创意（10 Big Ideas）"[①]——将前沿研究和制度
创新相结合，为美国的科学引领地位奠定了基础。2019 年，NSF 计划对每个
创意资助 3000 万美元。

自 2010 财年（FY）以来，EAR 的年度预算保持在相近的水平，从最低的 1.73
亿美元到最高约 1.84 亿美元不等 [见图 1-4（a）]。虽然目前 EAR 的总预算大约
是 OCE 的 50%、AGS 的 70% [见图 1-4（a）]，但是 EAR 用于研究的经费和

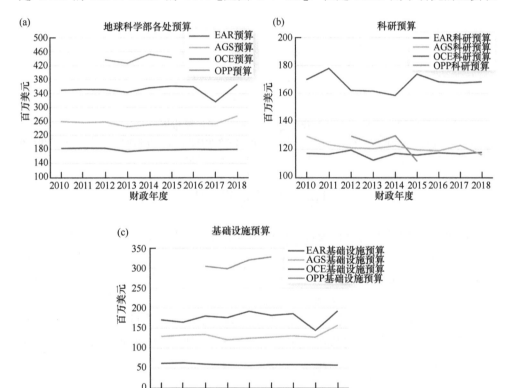

图 1-4　地球科学部（GEO）各处的预算

（a）2010~2018 年各处的预算总额；（b）各处的科研预算；（c）各处的基础设施预算。注：2012-2015 年，OPP
是 GEO 的一部分。资料来源：NSF 预算申请，https://www.nsf.gov/ about/budget[2019-4-16]

---

① 参见 https://www.nsf.gov/news/special_reports/big_ideas [2020-3-23]。

AGS 相当，约为 OCE 的 70%［见图 1-4（b）］。自 2010 财年以来，EAR 在基础设施方面的资助非常稳定［见图 1-4（c）］，占年度预算总额的 31%～34%。由于受通货膨胀的影响，EAR 的预算现在能够支撑的研究项目数量要少于往年（见图 1-5）。如果要继续资助当前实施得比较成功的研究项目，同时还要考虑新项目与基础设施建设，十年不变的经费预算对于 EAR 来说是个挑战。

图 1-5　2010～2018 年经过通胀调整和未经通胀调整的总预算

经过通胀调整后的数据是根据美国劳工统计局的所有城镇消费者的价格指数计算得出的。资料来源：NSF 预算申请，https://www.nsf.gov/about/budget[2019-4-16]

1.2　研 究 缘 由

　　EAR 依据学术界的意见为优先研究项目制订长期战略，并不时地通过审查来评估各种研究、项目、设施的资助成效，以便更好地为研究人员提供优先资助机会。确定科学研究与相关基础设施的优先级很重要，这有助于培训下一代地球科学家。2018 年，EAR 邀请 NASEM 的地球科学与资源委员会共同开展了一项"十年调查"，旨在为未来地球科学研究的优先事项、基础设施建设和合作关系等给予重要指导。这项工作由 EAR 时任主任卡罗尔·弗罗斯特（Carol Frost）发起。完整的任务说明见专栏 1-1。

专栏 1-1　任务说明

　　NASEM 的这项研究将有助于 EAR 为未来十年在研究、基础设施和培训方面的资助制定优先事项和发展战略。临时委员会（即地球科学研究机遇促进委员会，简称 CORES）将编写一份报告，报告的主要内容包括：

1. 一系列简明的高优先级科学问题将是未来十年地球科学发展的核心，有助于改变我们对地球的科学认知。这些问题的确定来自对社会效益、技术突破前景、与其他学科进行有效互动与合作的潜力、新兴学科的发展势头，以及其他影响因素的考虑。

2. （A）明确推进上述任务 1 中优先科学问题所需的基础设施（如物理基础设施、信息基础设施和数据管理系统）；（B）讨论当前受到 EAR 和 NSF 其他相关部门支持的基础设施列表；（C）分析当前基础设施 B 与需求 A 之间的差距。

3. 讨论 EAR 应该如何利用和完善其合作伙伴（包括 NSF 其他部门、联邦机构、国内和国际伙伴）的能力、专业知识和战略计划，鼓励更多的合作，并最大限度地共享研究资源和数据。

临时委员会将在 EAR 当前的预算范围内审议这些任务。当未来预算有所增加或减少时，将考虑对任务 1 中确定的优先事项进行适当的调整并采取相应的实施措施。

此外，美国国家科学院将召开一个研讨会（作为 CORES 的补充），讨论未来地震学及大地测量学设施的不同管理模式，如仪器、用户服务、数据管理、教育/宣传和人力发展。该研讨会将为任务 2 提供更多信息。（未来地震学和大地测量学设施能力管理模式研讨会记录于 2019 年 9 月发布。）

1.3 委员会的程序

美国国家科学院应 NSF 的要求组织召开了"CORES：EAR 十年调查"活动。由于人们比较关心该活动的临时委员会初始成员，在召开第一次委员会会议之后，又增加了三名成员。委员会以 2018 年 11 月至 2020 年 4 月的志愿人员为基础，同时兼顾人员的不同学科领域、不同地域、不同职业阶段以及性别平衡，委员会最终由 20 名成员组成。

委员会强烈意识到，地球科学界的积极参与至关重要。因此，委员会通过在重要学术会议上开展咨询、与处于职业早期和中期的科学家进行会谈或访谈、在学术会议上演讲，以及组织网络问卷调查等方式，呼吁地球科学界就未来的研究重点发表个人意见。委员会收到了近 350 份网络调查问卷答复，听取了大量的业内意见。

为编写这份报告，委员会共举办了五次公共信息收集会议、一次关于未来地震学和大地测量学设施能力管理模式的研讨会，以及两次闭门会议。

1.4 以往的十年调查

本研究延续了美国国家研究理事会（NRC）为 EAR 编写的两份报告：《地球科学基础研究的机遇》（*Basic Research Opportunities in Earth Science*，简称 BROES）和《地球科学新的研究机遇》（*New Research Opportunities in the Earth Sciences*，简称 NROES）（NRC，2001，2012）。专栏 1-2 是这两份报告的建议总结，作为本研究的前身，下面我们简要回顾一下这些由学术界推动的关于地球科学研究优先事项的前沿报告。

专栏 1-2　NRC 给 EAR 的建议总结

地球科学基础研究的机遇（2001）

调查结果和建议：

- 保持对个体研究者自由探索的支持
- 为地球生物学、地球和行星物质研究提供新的资助
- 继续对水文科学进行立项
- 加强对关键带的多学科研究
- 大力支持地球透镜（EarthScope）计划
- 成立地球科学自然实验室项目
- 促进微生物与地表环境相互作用的研究
- 加强地球科学和行星科学之间的互动
- 增加对新仪器、多用户设备和现有设备的支持
- 为跨学科研究提供更多的培训津贴与奖学金机会、博士后项目与学术休假，支持学生进行野外工作

地球科学新的研究机遇（2012）

调查结果和建议：

- 由研究者驱动科学的重要性
- 研究地球早期的基本物理和化学过程

- 鼓励开展热化学内部动力学和挥发性分布方面的工作
- 对断裂和变形过程进行跨学科定量研究
- 鼓励开展气候、地表过程、地质构造和深部地球过程之间相互作用的研究
- 围绕生命、环境和气候的协同演化制定科学计划
- 加强水文地貌–生态系统对自然和人为变化的耦合响应的研究
- 支持有关陆地环境中生物地球化学和水循环及其对全球变化影响的方案
- 探索地质年代学实验室的新机制
- 改善机构间的合作关系和协调性
- 增加培训机会及研究群体的多样化

BROES 和 NROES 产生了深远的影响。BROES 对关键带开展多学科研究的建议，推动建立了一个由 9 个关键带观测站组成的研究网络，作为流域/流域规模的研究平台，重点研究地球表层的生命、水、气候和与基岩有关的化学、物理、生物过程。在 BROES 的支持下，EarthScope 计划的所有三个组成部分[板块边界观测（PBO）、美国地震台阵（USArray）、圣安德列斯断层深部观测（SAFOD）]都已顺利完成，为北美大陆的结构与变形以及圣安德列斯断层的深部特征与属性供了新见解。BROES 报告带来的另一个产生持续影响的事件是设立了 EAR 地球生物学和低温地球化学项目。

BROES 于 2001 年出版，当时预计 NSF 会增加预算。NROES 是在 2012 年出版的，当时 NSF 的预算是稳定的。尽管存在各种不利条件，NROES 还是建议将大陆动力学学科项目转变为地球系统整合（IES）[①]项目，资助从地核到关键带的多学科研究，其预算规模也大于一般的学科项目。NROES 的建议还促使 NSF 对技术加大支持，解决了长期面临的研究的可持续性问题。

这些例子进一步说明 BROES 和 NROES 两份报告都产生了具体切实的影响；然而，报告也都强调了继续支持个体研究者从事自由探索的重要性，并以此作为第一个建议。一个好的想法或发现可以迅速推动一个领域朝着意想不到的方向发展，其影响往往是无法预料的。例如，来自 PBO 的 GPS 数据竟被意外地用于监测土壤的含水量。BROES 报告无法预见包括震颤和慢滑移等在内的不同类型的变形事件，它们在 NROES 报告中却占据突出地位。然而，NROES 报告并没有预测

---

① IES 项目最近转变成了 FRES 项目。参见 https://www.nsf.gov/funding/pgm_ summ.jsp?pims_id=504833 [2020-3-31]。

到最近的新进展，如大数据对地球科学的影响不断加速。毫无疑问，未来十年的研究也会得出类似的结论。重要的发展是无法预料的，EAR 有必要持续支持由个体研究者驱动的研究。

我们还注意到，地球科学的基础研究可能会产生意想不到的结果。一个令人信服的例子来自通过铅同位素测定地球年龄的研究，这种研究是由好奇心而不是战略目标所驱动的。铅-铅同位素测年（Patterson，1956）需要超净的实验条件，这使得人们认识到工业铅污染普遍存在（Patterson，1965），进而引发人们更加关注环境中的铅对人类健康的影响，并最终禁止在家用油漆、汽油和食品容器中使用铅（NRC，1980）。最近的一个例子是，人们越来越重视黏土矿物在抵抗细菌和其他健康风险因素方面的作用，从而促进了包括医学矿物学和地球化学在内的新兴交叉学科在地球健康领域的发展。这些例子再次表明，好奇心驱动的研究可以产生深远、意外的影响。EAR 需要继续保持研究类型的多样化，包括那些看上去和社会没有直接关系的研究。

地球科学研究对理解人类如何走到今天很重要，对于预测地球的未来也同样重要。为了让各领域有创造力的地球科学家对地球物质、过程和演化历史的理解达到新的高度，本报告涵盖了 NSF 需要保持和提升项目水准的诸多措施。委员会本着这一目标提出建议。报告提纲为：优先科学问题（第 2 章）、基础设施与设备（第 3 章）、合作伙伴关系（第 4 章）和地球科学十年愿景（第 5 章）。

参 考 文 献

NASEM (National Academies of Sciences, Engineering, and Medicine). 2019. Management Models for Future Seismological and Geodetic Facilities and Capabilities: Proceedings of a Workshop. Washington, DC: The National Academies Press. https://doi.org/10.17226/25536.

NRC (National Research Council). 1980. Lead in the Human Environment. Washington, DC: National Academy of Sciences.

NRC. 2001. Basic Research Opportunities in Earth Science. Washington, DC: National Academy Press.https://doi.org/10.17226/9981.

NRC. 2012. New Research Opportunities in the Earth Sciences. Washington, DC: The National Academies Press.https://doi.org/10.17226/13236.

Patterson, C. C. 1956. Age of meteorites and the Earth. Geochimica et Cosmochimica Acta 10: 230-237.

Patterson, C. C. 1965. Contaminated and natural lead environments of man. Archives of Environmental Health 11: 344-360.

第 2 章　优先科学问题

委员会的第一项任务是确定一系列简明的高优先级科学问题，这些问题将对地球科学未来十年的发展至关重要，并有助于改变我们对地球的科学认知。本章确定并讨论了这些关键的优先科学问题。基于广泛的数据收集和审议，委员会认为这些问题是典型的既重要又迫切的研究主题。当然，这些问题并没有囊括未来十年将出现在地球科学领域的所有研究问题。未来研究中的一些创新想法极有可能未在本报告中提及，甚至是在当前没有考虑到的领域出现。

2.1　选择问题的方法

委员会通过文献综述、学界意见、研讨会、同行访谈及委员会会议时的公开讨论来制定本报告中的优先科学问题列表。讨论时反复出现的议题是：究竟什么才算是优先问题，以及问题的范畴是什么？优先问题应该是具体的还是一般化的？有望在未来十年取得重大进展的问题，是否应该优先于那些虽然重要但一时还难以突破的问题？最后达成的共识是，明确未来十年有望取得重大进展的具体问题，其中包括一些地球科学家长期以来非常感兴趣的问题，可以使EAR 更好地履职。因此委员会解释了为什么这些问题现在已经做好了迎接变革性发展的准备。

2.1.1　文献综述

为了支撑这项任务，EAR 最初给委员会提供的文献条目，涵盖了各种报告和白皮书，从宏观的地球科学研究到某一特定学科的概要。委员会在此基础上进行补充，包括其他报告、白皮书和经过同行评议的文献，并对文献进行分类审阅，每类审阅若干条，确保大多数条目由不止一名成员审阅。由此编制出由文献调研得出的优先问题和一般性问题列表，以及在文献中明确或隐含的基础设施与设备需求列表。整个委员会分享并讨论了这些列表。

2.1.2　学界意见

委员会采取了多种方式向地球科学界征求意见。委员会在美国地球物理学会

（AGU）2018 年的秋季会议上组织了一次研讨会（2018 年 12 月 13 日，华盛顿）。这次会议的目的是宣布委员会的工作进展，并就优先科学问题和基础设施需求直接征求意见。2019 年，在美国地质学会（GSA）年会上也安排了类似的征求意见会（2019 年 9 月 22 日，亚利桑那州菲尼克斯）。这两次会议对参会者人数有限制，以便他们能与委员会进行深入的小范围研讨（每个委员会成员对应 2~3 位参会者）。

为了扩大征求意见的范围，委员会开发了一个网络调查问卷，并通过专业协会、基于学科与兴趣的电子邮件通讯录、网上论坛和社交媒体等方式开展宣传。EAR 通过他们的电子邮件和 AGU 大会发布了这一消息，委员会成员、美国国家科学院的工作人员和 EAR 的代表也分发了印有网站链接的卡片。问卷调查针对未来地球科学研究的重要主题、解决这些主题所需的基础设施、EAR 和其他机构之间的合作可能性，以及人力资源和培训等问题征求意见。问卷还设置有开放式问题，如受访者的职业阶段和学术领域等。委员会回收了大约 350 份答复。此外，一些成员和地学组织还直接提交了数份信函和白皮书。委员会成员还与同行联系，详细地解释这一工作，并就优先问题及相关经费直接征求意见。

此外，受邀参加委员会公开会议的与会者，也对未来十年的研究重点发表了看法。这些参与者包括处于职业早期的群体、非主流研究群体，以及与私营企业有合作关系的群体。委员会还组织了为数不多的几次公开会议，来收集有关 EAR 特定设施和项目的相关数据。EAR 项目官员也被邀请来确定 NSF 资助的研究领域的最新趋势。

委员会在工作初期就很清楚地认识到，地球科学中不同学科的发展是不平衡的，其话语权也不相同。因此，不论各学科是否有最近的报告或白皮书，委员会在确定和选择优先问题的各个阶段都会考虑到学科平衡。

2.1.3 制定优先科学问题

制定和阐明一套简明的优先科学问题包括以下几个步骤：
- 通过文献综述、学界意见和访谈编制一份优先科学问题的综合列表；
- 合并相近或大部分重叠的问题；
- 剔除或改述表述不清的问题；
- 对剩下的问题就科学价值的重要性和产生变革性影响的潜力进行评估；
- 在大背景下提出问题，并阐明其学术价值和潜在影响。

委员会会尽可能广泛考虑整个地球科学领域，而不局限于受 EAR 资助的传统领域。这么做的部分原因来自于学界的反馈，如他们关注的跨越海岸线项目就是 EAR 和 OCE 可能都感兴趣的领域，还有其他一些跨学科研究的例子。然而有一个例外，EAR 领导层在委员会第一次公开会议上就明确表示，行星科学不属于其职责范围，尽管这些领域之前可能曾被确定为地球科学的高优先级发展领域（如《地球科学基础研究的机遇》）。

2.2　优先科学问题

委员会通过广泛的文献调研、认真听取意见和激烈的讨论，形成了以下优先问题列表。这些问题的编号只是出于方便，并不代表优先级的高低。如果非要说顺序的话，它们是按照从地核到大气的空间排序。在本章和后续章节中，问题旁边的图标用于展示优先科学问题、基础设施与设备以及合作伙伴之间的关系。

几个提纲挈领的主题将各个研究问题整合了起来。地球是一个活跃、动态、开放的系统，在这个系统中，所有组成部分彼此相互作用，共同塑造了地球各个时期的不同状态以及数十亿年的长期演化（见图 2-1）。许多优先问题涉及地球系统各圈层之间的联系，预计未来的研究进展将以这些联系为突破口。理解这个系统，包括人类作为新的地质营力，对预测当下的自然和人为变化将如何影响地球和人类社会至关重要。地球在异常广阔的时空尺度上运行，具有复杂、多尺度的相互作用和反馈机制。最近的技术进步使观测和建模能够跨越这些尺度进行前所未有的探究。认识地表和地球内部的相互作用，以及地球的固体、流体和生命的协同演化是关键。优先问题涵盖了地球科学基础研究对社会发展的意义，以及人类对了解快速变化的地球的迫切需求。

虽然许多优先科学问题很大程度上可以在 EAR 内部的研究项目中得到回答，但是为了支持越来越多的交叉学科和跨学科研究，GEO 内各部门，以及 EAR 与其他部门和机构之间仍需要开展强有力的合作。正如下文展示的优先科学问题一样，EAR 内的学科与其他 NSF 部门内的学科，以及 NSF 之外的学科之间有许多联系，如材料和生物科学，以及对大气圈、海洋和冰冻圈的研究。EAR 和 GEO 未来的挑战将是为介于传统项目界限之间的交叉科学建立与维持资助机制。

与其他十年报告一样，委员会也认识到了支持由独立获得资助的个体研究者推动的核心研究项目的重要性。最近一项对 60 年间的 6500 万篇论文、专利和软件的研究表明，个体研究者或小团队往往会通过发表新结果和新想法来"颠覆"一个研究领域，而较大的团队往往相对"保守"，倾向于进一步发展已有的想法（Wu et al.，2019）。这项研究强调了支持个体研究者或小型团队以及大型/多成员合作团队的相对重要性，他们会在特定领域产生有影响力的科学成果。

优先科学问题如下：

1. 地球内部磁场是如何产生的？
2. 板块构造运动何时、为何及如何启动？
3. 关键元素在地球上如何分布与循环？
4. 什么是地震？
5. 火山活动的驱动力是什么？

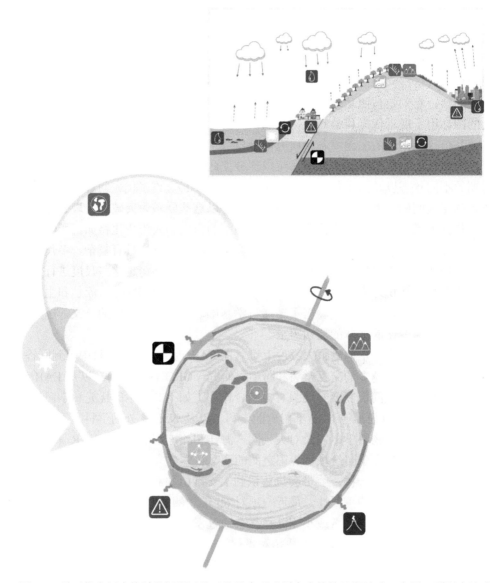

图 2-1　需要优先解决的科学问题涵盖了从没有形成固态内核的早期地球（左图）到现今地球系统的动态演化过程

大量地质记录不断地产生抑或消失，直至今日，地球系统仍然发生着前所未有的变化（本图未按比例）。上述问题涉及地球系统的方方面面，并且通过现今和历史中发生的各类地质过程而相互联系。例如图中环绕地球周围的弧形线条，代表着地球外核的流体动力学过程产生的保护性地磁场（浅灰色曲线）。图中深灰色按比例显示的部分为固态内核。地幔（图中厚度按比例所示，颜色差异代表着地幔的不均一性）与地壳（图中浅棕色为大陆地壳，深棕色为洋底玄武岩，两者厚度存在明显差异）则是由地幔对流作用驱动的独立系统。地幔中的放射性元素衰变产生热量，地核的冷却则消耗这些热量。岩石圈（地壳和上部冷却的地幔）被分割为相互独立且不断碰撞的板块。这些板块的变化影响了关键元素的分布、地震活动、火山作用、地形变化、关键带、气候变化、水循环、生物地球化学过程和生物多样性。地球表层笼罩在相对较薄的大气圈（淡蓝色）中。图中右上角

6. 地形变化的原因和后果是什么？

7. 关键带如何影响气候？

8. 地球的过去对气候系统动力学有什么启示？

9. 地球的水循环是如何变化的？

10. 生物地球化学循环是如何进行的？

11. 地质过程如何影响生物多样性？

12. 地球科学研究如何降低地质灾害的风险与损失？

2.2.1 地球内部磁场是如何产生的？

地磁场是地球最古老的特征之一，对岩石古地磁的研究表明，地磁场至少起源于 34 亿年前（Biggin et al.，2009）。地磁场对生命活动有着重要意义，因为它使太阳风对地球大气层的剥离作用（Tarduno et al.，2010）得以缓冲。古老的地磁场不是一成不变的，平均每隔数百万年就会出现数次极性倒转。即使在人类时间尺度内，磁场强度和形态也会发生变化，因此会对导航和卫星通信产生影响（Korte and Mandea，2019）。地磁场是由地球液态金属外核的流体运动产生的。地磁发电机需要巨大的能量来源，在随后的发展阶段，因地球固态内核结晶过程释放了大量潜热，地磁能量得以增强。大量有序、活跃且呈旋转运动的导电流体，是所有行星产生磁场的必要条件（Elsasser，1946），太阳系里还有许多其他例子（Stevenson，2010）。

人们对现代地磁场的产生过程已经达成共识。随着地核的冷却，固体内核不断凝固并释放潜热和重力势能，这就为地磁发电机提供了能量，并形成了现在所见到的地磁场。但是这个观点同样面临着巨大的挑战。如果在地质历史上，地核释放潜热的速率足以驱动地磁发电机，那么地核也会被迅速加热以至于无法

（续图 2-1）小图中的地形剖面展示了主要的地表过程、地球历史上的沉积记录、人类活动以及地质灾害的影响。断层的错位活动可能产生突发、强烈的地震❖（造成重大社会危害⚠），或仅仅以缓慢的速度活动，发生几乎难以察觉的地震。在毗邻山脉和海岸的区域，由于海退、海平面升降或海啸导致的滑坡，同样将给当地社会带来灾害⚠。在隆起的山地⛰（浅棕色）中，随着侵蚀作用和风化过程的增强，致密的基岩变得疏松多孔并储存水分和地下水（浅蓝色），被植被所用🌿。城市下方（蓝色）的深层地下含水层是重要的水资源💧。大气降水（蓝色虚线箭头，向下）经由蒸发和蒸腾作用（蓝色虚线箭头，向上）返回大气，剩余的补给地下水通过地表径流流出。地球上的大气圈还发生着以生物为媒介的气体交换🔄。古老的沉积岩（棕色斑点）和年轻—现代沉积物（灰色斑点）提供了反映地球气候演化历史、生物地球化学🔄和生物多样性🐾的记录。人类活动作为地质营力的一种，从不同方面影响着地表过程，包括：气候变化 [通过城市化过程、释放温室气体（粉色虚线箭头）和植被变化]；对湖泊和海洋生态系统的营养输入🔄（经由农业灌溉或城市废水）；对侵蚀和沉积过程的影响⛰（通过改变土地利用类型、建造大坝等影响河流流量或泥沙负荷）；改造生物多样性的地理分布🐾（通过气候和土地利用改变）；引发次生灾害⚠（海平面升高、风暴等极端天气加剧、土地利用变化、干旱导致的野火等）。

资料来源：法比奥·克拉默（Fabio Crameri）及委员会

形成固态内核（Labrosse et al.，2001）。固态内核的年龄可能不超过 10 亿年，这导致在地球早期出现的古地磁记录无法用这个机制加以解释。近年来，对固态内核矿物物理学的研究表明，地核的热导率可能比以往认为的要高，这意味着固态内核的形成年龄可能更加年轻（Pozzo et al.，2012）。

如果不是通过地球内核的冷却，那么地球历史上广泛存在的磁场应当如何解释呢？吸积作用结束后的地核，可能由于其具有极高的温度而熔融了大量地幔物质。如果是这样的话，随着地核的冷却，这些氧化物会逐渐冷凝析出并在地幔底部沉积，释放出大量重力势能（Badro et al.，2016）。地幔底部的这层物质会产生独特的地震波信号，尽管有的地方因厚度过小而难以探测。另一种可能的情形是，古地磁场并不是在地核处产生的，而是在地球内部的其他地方产生的。例如，有人提出太古宙的地磁场可能是由覆盖在地核上的岩浆海产生的（Ziegler and Stegman，2013）。也可能处于完全熔融状态的地核通过冷却过程就能够产生地磁场。尽管大部分模型显示，这一机制只能解释早期内核形成之前的一部分古地磁记录（O'Rourke et al.，2017）。

理解地磁发电机模型的一个挑战是解释内核与外核在地震学结构上的差异。外核在很大程度上是各向同性且呈球形对称的，但内核是不均一的，表现出各向异性。两者结构上的明显差异可能对过去 10 亿年中地磁场是如何产生的具有重要指示意义。内核的各向异性表明其受到了变形和流动作用的影响，地震波显示这种各向异性可以达到半球尺度（Deuss et al.，2010）。这些特征是如何产生的，以及内核与地磁发电机之间相互作用的指示意义仍然有待探究（Aubert et al.，2013）。

地核的冷却速率与地幔的热量传输速率是一致的，因此地幔对流可能对地磁发电机产生显著影响，例如地磁倒转的频度可能就受其影响（Courtillot and Olson，2007）。近年来，对地幔结构的新认识改变了人们对地核动力学的看法。虽然对于地幔底部的大型低剪切波速区（LLSVP）的热力学和化学性质仍有争议，但这些区域的温度和/或浮力变化无疑会影响地核的热量散失。这种核-幔边界条件对地磁发电机（Gubbins et al.，2011）或行星动力学（Greff-Lefftz and Besse，2014）影响的研究，目前尚处于初步阶段。

地磁场驱动机制发生变化的信息可以从岩石地层记录中获取吗？如果内核在形成伊始会造成地磁场强度的增加，那么通过古地磁方法可以检测到这一变化（Biggin et al.，2015）。羽状熔岩中钨同位素和锇同位素测定的年龄比现今热力学模型估计的年龄更加久远，可能为内核结晶过程提供了新的认知（Mundl et al.，2017；Rizo et al.，2019）。地磁场的形态也有可能随着时间的推移而改变。当今的地磁场是太阳系中偶极性最强的磁场之一（Stevenson，2010；Moore et al.，2018），但这种情况往往不是一成不变的。古地磁观测或许能帮助确定地磁场在地质历史早期的主要形态（是否以偶极为主）（Landeau et al.，2017）。

古地磁观测对现代地磁场的观测同样提供了重要线索。人类的观测记录显示，地磁场在广阔的时间尺度上发生变化，包括逐渐发生向西漂移，到所谓的"地磁急变（magnetic jerks）"（见图 2-2）。这些观测结果使人们深入了解到磁场的动力来源，以及不同尺度的作用力在驱动流体和磁场方面的相对重要性（Aurnou and King，2017；Aubert and Finlay，2019）。他们还提出了新的观测手段，如通过上覆地幔的电磁耦合来研究地球自转速率的变化。

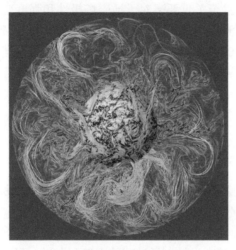

图 2-2　数值模拟地磁发电机的地核内部截面（内核为纯白色）

磁力线（橙色）受地核湍流的影响而伸展或扭曲，向上（红色）或向下（蓝色）流动。该图显示了相对缓慢的地核对流与快速流体动力学波导致的相互作用，后者引发了"地磁急变"，表明地核内部浮力的突然释放。资料来源：朱利安·奥伯特（Julien Aubert）［巴黎地球物理研究所（IPGP）/法国国家科学研究中心（CNRS）］

最近的发展表明，上述这些问题有望在未来十年取得实质性进展。新的计算和分析工具使得我们可以基于第一性原理获得地核物质的热力学性质，新兴的微束和纳米束制造及分析方法的涌现，可对地核条件下的稳定性、组成、其他物质性质提供直接的实验手段。同步辐射装置的发展推进了测量地核物质的新方法，而激光驱动和脉冲功率斜坡压缩技术的发展，使得人们可以获得一个全新的压力-温度体系。对地质历史时期单矿物颗粒进行磁学性质测量技术的发展（Weiss et al.，2018；Tarduno et al.，2020），有助于理解古磁场记录的偏差（Tauxe，2005）。卫星数据的时空分辨率得到了前所未有的提高，我们同时也见证了旋转磁对流过程中的流体动力学（Adams et al.，2015），以及超级计算和数据同化技术（Aubert，2015）的进步。地震成像技术的完善，将有助于揭示地幔深部和地核的结构。因此，更为深入、全面地了解地磁场及其演化过程将成为可能。进一步的进展还有赖于正在或未来执行的行星探测任务[①]（如朱诺探测器探测木星磁场），它们提供

---

① 参见 https://www.nasa.gov/mission_pages/juno/main/index[2020-3-23]。

的数据有助于更详细地揭示太阳系各天体拥有或曾经有过的磁场强度与形态变化（Moore et al.，2018）。行星的形成、结构和演化的不同成因机制，是理解其制约磁场幅度和结构的关键，也可能有助于认识人类的起源和演化。

磁场研究要获得成功，需要依靠先进的仪器设备以及不同研究机构内部和机构之间的团结协作。极端条件下对物质性质进行测量的设施（例如，粒子束设备、动态压缩设备和超大型多面顶压机），以及用于磁场强度研究的原子力显微镜，对于确定地球内核的年龄至关重要。对于地磁场极性和强度变化的数据与记录，则需要系统的野外磁场测量和大陆科学钻探项目、更好的矿物磁学性质测量设备（例如，Tarduno et al.，2020），以及可进行交互操作的数据存档。潜在的合作伙伴包括材料科学和计算领域的研究机构。例如，磁场内部和外部的相互作用、空间天气和宇宙成因核素表征（氢、碳）的重要性表明，EAR、AGS 以及 USGS 地磁项目组之间需要开展更多合作。

2.2.2 板块构造运动何时、为何及如何启动？

随着对太阳系的持续探索，人们发现地球有一个独特的标志：板块构造。即使地球科学家用板块构造学框架来解释整个太阳系天体的表面，地球仍然是唯一具有明确板块边界的行星，其运动和演化几乎决定了所有地质现象（反映在地壳记录和地球内部成像中），并基本上控制了地球的大气和海洋。尽管对板块构造的运动特征及其几何结构已取得了较清晰的认识，但对于板块构造何时出现、为什么发生在地球而不是其他行星上、与地球元素循环之间的相互作用关系，以及它的发展过程，人们仍然缺乏基本的认识（NRC，2008；Huntington and Klepeis，2018）。

地球演化的早期阶段与行星的形成有着密切联系（Hawkesworth and Brown，2018；Lock et al.，2018）。在讨论"为什么"和"怎么样"的问题之前，关键是要对板块构造实际上是"什么"，以及曾经是"什么"有更全面的定义（Joel，2019）。是指现今由大洋板块主导的具有洋中脊和单向俯冲的板块，还是说任何形式的岩石圈运动和循环都可以称为板块构造？弄清楚板块构造的定义是回答其他问题的前提。

目前的观点认为板块构造和地幔对流是同一回事（Coltice et al.，2019）。板块，尤其是大洋板块，是对流系统的上部热边界层（见图 2-3），也是地幔熔融分异以及这些物质在地球表面附近结晶和冷却的产物。它们独特的运动学和动力学特性，直接源于岩石的固有物性。板块的循环往复，以及贯穿始终的物质成分、热量和各向异性的流变是认识现今地幔的关键。在过去的二十年中，地震成像和分析、计算、破坏理论和流变测量学的进步，丰富了人们对现今板块构造的认知。在流体动力学视角下，板块和地幔研究的紧密结合展现出了良好前景（Bercovici and Skemer，2017；Coltice et al.，2019）。

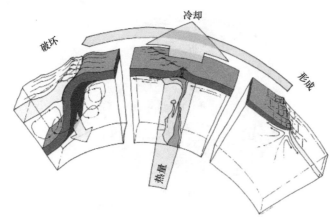

图 2-3　板块在对流过程中的形成、冷却和破坏

大洋板块为深棕色，它们形成于大洋中脊（最右侧），而海山所在的板块年龄较老（图中部）。板块俯冲进入地幔，可能在某一深度停止俯冲，或持续俯冲直至核幔边界。板块是一个运动体系，而不只是被动地在地幔上面做水平运动（灰色箭头）。例如，俯冲会引起各种形式的流动模式，包括垂直运动的流动（蓝色箭头），这会影响河流水系的布局和剥蚀作用（最左侧陆内盆地）甚至是现今海平面的地形。驱动板块运动的热量来自于地球内部。资料来源：Crameri et al.，2019

　　板块构造所产生的影响不局限于地质学和地球物理学。理解板块构造有助于人们更好地理解导致地质灾害的地表变形及岩浆作用的物理过程、与生命活动和现代社会紧密相关的元素的富集及演化、生命演化和生物地球化学循环、气候的长期演变，以及现代海平面上升引发的洪水范围。

　　未来十年有望在认识板块构造及其广泛影响方面取得革命性的突破。地球化学的发展（例如，Hawkesworth et al.，2017）、板块运动地质记录的获取（例如，Holder et al.，2019）和地质年代学的进步，可以获得足够精准的数据，这有助于回答关于定年的问题。板块构造的历史是众多关于时间的问题（🌱 🧍 📈 ⬜ 🔄 🖐）中的一个，这个问题的答案将通过学术界对地球历史时期实现 0.01%（例如，Harrison et al.，2015）的测年精度而得到推动（更多讨论见第 3 章）。同样，板块构造为什么在地球上出现及其如何演化的问题，也在不断取得突破。例如，对冥古宙时期矿物的地球化学性质分析（Harrison et al.，2017）、对极端环境下矿物岩石性质的测量和模拟，以及对行星形成过程的模型研究（Kraus et al.，2012；Scipioni et al.，2017），拓展了人们对地球演化早期阶段的认知，此前主导这个阶段的是岩浆海、大撞击以及与板块构造启动前截然不同的对流模式。此外，流体动力学、计算模拟和地球物性表征方面的进展，使得详细模拟地幔-板块系统的演化成为可能（例如，Bocher et al.，2018）。地球物理学的发展利用了地震成像技术的进步，揭示了地幔和地核的结构，并阐明了地球深部的动力学特征（见图 2-4）。新型同位素体系和测年技术的发展，为深入理解从地核的形成年代到元素的化学迁移转化开辟了道路。

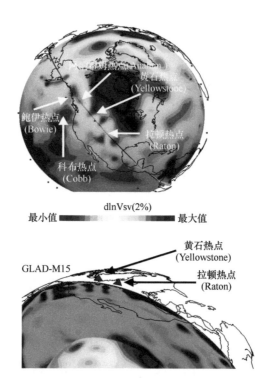

图 2-4　北美下方横波波速扰动（色标"dlnVsv"）的 250 km 深度图和垂直剖面图，采用了基于全波形反演联合其他方法的 GLAD-M15 层析成像模型。资料来源：Bozdağ et al.，2016

　　对地壳中保存了板块构造信息的矿物的探测能力正在加速发展，新的仪器不但可以在微观尺度上开展地球化学和结构观测（例如，用透射电子显微镜和原子探针层析技术观察单个原子），而且可以重建地质年代学信息。这些测量技术对于确定地质记录中板块构造的特征——从第一个大陆板块的隆升到其出现在海平面之上——至关重要。其他诸如非传统稳定同位素地球化学（Teng et al.，2017）等新兴领域的快速发展，为宇宙化学、地质学和生物学过程等提供了新见解。同样，在极端条件下开展物性实验和计算机模拟，有助于揭示化学反应、测量动力学参数并确定流体性质（Sanloup et al.，2013；Millot et al.，2019）。计算模拟技术的进步还有望对地球结构进行更高分辨率的成像，并且对其动态演化过程做出更好的约束（Bozdağ et al.，2016；Bocher et al.，2018）。物性测定、成像技术和最先进的物理建模与数据同化技术的结合，有望回答板块构造的核心问题——板块的俯冲作用是如何启动的？

　　未来十年内，相关的研究设施和协同合作对于解决这些问题是必不可少的。特别是包括 NSF 内部、NSF 与 NASA、DOE 和 USGS 等机构在计算科学和物质表征研究领域的合作。物质表征和板块运动历史记录的研究进展，将取决于持续不断的数据采集，包括地震学和大地测量学（如 SZ4D[①]，见第 3 章）、地球化学、地质年代学、古地磁学分析以及科学钻探工作。

2.2.3　关键元素在地球上如何分布与循环？

五千多种已知的矿物，以及尚未被发现的矿物，保存和记录了地球的化学多样性和演化历史。这些矿物及其相关的熔体和流体，是关键元素赋存和迁移的载体。关键元素是指地质过程中不可或缺的元素，包括为生命活动创造适宜条件的元素，以及那些为维持现代社会运转、繁荣和安全提供必需品的原材料，如低碳或零碳能源，与电子、国防、医药和先进制造业密切相关的元素（见表 2-1）。关键元素往往在地球上某些特定的地方富集，地球科学家正开始从行星的尺度去理解这一过程。

表 2-1　关键元素及重要性

关键元素	重要性
H, C, N, O, P, S, K, Ca, Fe	与环境宜居性密切相关（Anbar，2008）
C, S, Fe	调控地幔和地壳的氧化还原环境（Armstrong et al.，2019）
B, S、卤族元素（F, Cl, Br, I）、惰性气体（He, Ne, Ar, Kr, Xe, Rn）、过渡金属、REEs、Re-Os	地壳和地幔之间循环过程的示踪剂（Widom，2011；Smith et al.，2018）
Li, Co, Cu, Cd, REE, U	低碳或零碳能源（Sovacool et al.，2020）
Be, Mg, Al, Ti, V, Mn, Co, Zn, Zr, Mo, REEs, Hf, 铂族元素, 贵金属, U	现代社会所必需的材料（如电子、国防、医药和先进制造）（DOI，2018）

关键元素在地球表面的固体圈层（陆壳、洋壳）以及在地幔的分布，是由整个地球历史时期影响地球深部和表层环境之间元素循环的过程所决定的。关键元素在不同历史时期突然发生再分布，可能受到了生物多样性的爆发、大氧化事件、海洋缺氧事件、大气成分变化等的影响。随着时间的推移，这些变化会影响气候与生命的历史。组成地壳和地幔的矿物，以及后期组成生物圈和大气圈的元素，都是早期地球在形成演化中不断吸积而成的，部分来自于彗星（Hirschmann，2016）。地球上的物质经历了岩浆分异与地壳形成、生命与板块构造的协同演化（Cox et al.，2018），以及大型陨石撞击或火山爆发等灾难性事件，进一步发生转化。现今正在进行的地质过程，如熔融、重结晶、变质、热液活动和气体的释放与封存，仍在持续不断地改变关键元素的分配。正因为如此，有些元素是了解现代和地质历史时期元素循环过程的有效示踪剂（见表 2-1）。

地表过程是整个地球元素循环的重要组成部分，与深部的化学-物理机制相互作用。因此，了解关键元素的分布意味着需要绘制出从地核到大气这一连通体系的细节信息（见图 2-5）。

① 参见 https://www.sz4d.org[2019-12-27]。

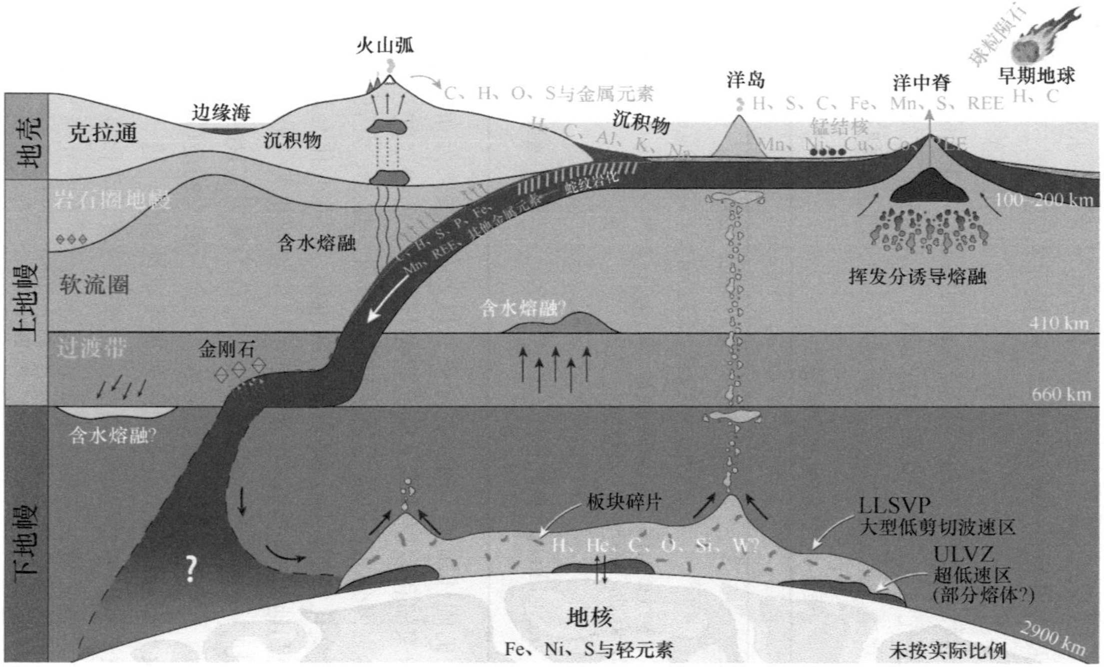

图 2-5 挥发分合和不相容元素强烈分异并进入部分熔体，形成了一个从地核到海洋熔体和流体发生富集、分馏和迁移的全球性连通体系

多学科交叉合作有助于探究地球化学储库是如何以及为什么会在某个地幔对流的行星上一直存在。上涌的富集地幔在近地表会历了挥发分诱导熔融和减压熔融过程，由此在大洋中脊形成玄武岩地壳（红色阴影区）。这类岩浆分异在组分上有别于熔点更富集的洋岛（紫色区域），地震学成像显示，这可能与大型低剪切波速区（LLSVPs）及其两侧的超低速区（ULVZs）包含了部分熔体（绿色实线）有关。在大洋中脊附近，相关的热液系统将挥发分和其他金属元素加入大洋岩石圈，并将分异出来的稀土元素加入海水。这些物质可能会在海底沉淀，并富集在具有经济价值的锰结核中。在板块汇聚边界，大洋岩石圈进一步发生水合作用［如沿深部断裂的蛇纹岩化（绿色阴影区）］。这些蛇纹岩与沉积物（粉红色）和含水洋壳一起将水分、碳和其他的挥发分及碱性元素带入地幔，形成含水熔融区（橙色阴影区），相对于上地幔与下地幔，地幔过渡带可以储存更多的水（>300 km），因此该区或可以成为地幔对流的化学过滤器。来自于俯冲板片中的一些挥发分会进入大陆下地壳（蓝色阴影区），相应的交代作用和热液作用使稀有金属矿石及其他挥发分脱水熔融（黄色阴影区）。提供物质供给。这可能会在 410 km 和 660 km 处的地震波不连续面上方和下方发生富集，为地幔提供水源。俯冲板片中的一些挥发分会进入大陆下地壳（蓝色阴影区），相对于上地幔与下地幔，地幔过渡带可以储存更多的水（>300 km），因此该区或可以成为地幔对流的化学过滤器。来自于岩石圈地幔和超过 300 km 深度的金刚石及其包裹体则揭示了地幔蕴藏的金属元素循环中重要的地球化学线索

碳、氢、铁、氮、氧、磷和硫是创造宜居环境的生命关键元素。未来几年，地球科学家们将在全球氢和碳元素循环的最新进展基础上（Orcutt et al.，2019），深入研究深部硫、磷、氮和其他元素的循环运行机制，以及氟、氯等卤素和其他元素在变质-岩浆岩系统熔流体中的配分行为（例如，Farquhar and Jackson，2016；Dalou et al.，2017；Hanyu et al.，2019；Smit et al.，2019）。

现代社会对材料和能源的需求离不开钴、锂和稀土元素（REE）、贵金属、锰、钛、铀、钒、铬和锌等（见表 2-1）低碳能源资源。除了稀土元素和一些其他元素，硼、卤素、惰性气体可以作为地壳和地幔之间循环过程的示踪剂（Smith et al.，2018）。关键元素及其化合物（如水）显著影响着地球组成物质的熔融温度及强度、流变学和地震波速等物理性质。铁、硫和碳等多价元素制约着地幔和地壳的氧化还原条件（例如，Evans et al.，2017；Cline et al.，2018）。在地壳和地幔的不同位置，关键元素的丰度差异很大，有些元素即使丰度不高，也能对地球物质的地质过程和物理性质产生巨大影响。

一些关键元素倾向于进入流体与熔体，并沿着许多不同尺度的通道移动，小到矿物晶界，大到构造断裂系统（见图 2-6）。矿物及其伴随的熔体和流体是动态连接地球深部与表层物质的纽带，地球深部的矿物可以为大气、海洋和地貌演化提供线索。例如，一些深部来源的金刚石包裹有含水矿物（Pearson et al.，2014）、痕量冰水混合物（Tschauner et al.，2018），以及地表处或近地表处产生的生物成因的碳酸盐矿物（Li et al.，2019b）。尽管元素循环普遍存在，但先进的地震成像技术揭示出地球内部仍然存在化学不均一性（Wang et al.，2019）。例如：一些深源岩浆包含氢和氦元素，自地核形成以后，它们就一直处于被隔离的状态（Loewen et al.，2019）。

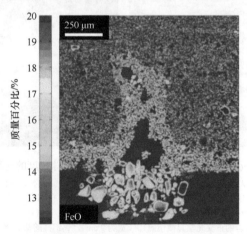

图 2-6　模拟地幔熔融的高温岩石学实验中铁元素的丰度分布

图中深蓝色区域为熔融过程中的富熔体通道，晶体颗粒为橄榄石。浅蓝色区域为围绕着富熔体通道的反应边。此类实验为矿物熔融反应、熔体从源区到浅部-地表的迁移、挥发分与不相容元素如何在熔体和流体之间的分馏与富集提供了定量评估的依据。资料来源：修改自 Pec et al.，2017

在这个充满活力的星球上，化学储库为什么能长期存在还是一个未解之谜。

对地球内部化学反应过程的研究刚刚起步，科学家们近年来才将其纳入地球动力学模型（Li et al.，2019a）。例如，地壳和地幔不同区域的氧化-还原状态及其控制因素是行星演化的核心。除此之外，被隔离在地核内部的铁的氧化还原反应和地幔的氧化反应过程，有助于确定大气的物质组成（Armstrong et al.，2019）。未来研究需建立更为复杂的多组分反应传输模型，来解释地球内部与大气之间的热量交换、水分循环、生物地球化学和地球化学过程的相互作用（例如，Li et al.，2017）。

将实验和计算技术方法所取得的进展与热力学模型、地质样品高精度微观分析以及地球物理观测数据相结合，地球科学家有望从原子到行星尺度，对矿物与流体的元素循环和关键元素迁移等问题取得全新认识（见图2-7）。例如，我们已

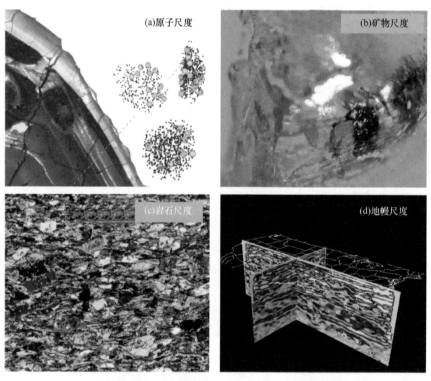

图 2-7 关键元素在地质历史时期从原子尺度到全球尺度的迁移与循环过程

（a）用于纳米地质年代学的原子探针层析成像技术展示了44亿年前的锆石晶体中单个铅原子在数十亿年里发生了扩散（Valley et al.，2014）；（b）最近发现的包裹于金刚石中的新稀土矿（KNbO₃，图中绿色颗粒），长度约为 0.2 mm，被命名为 Goldschmidtite，可能与地幔中的交代作用和碳循环有着密切关系（Meyer et al.，2019）；（c）来自土耳其的高度变形蓝片岩的正交光学显微镜照片（宽约 2 cm），钙铝硅酸盐矿物（钙钠榴石）呈明亮的矩形颗粒。钙钠榴石是指示俯冲带内地壳和地幔之间沉积物与水循环过程的重要矿物；（d）地震波成像技术显示，在区域和地幔尺度上的负散射异常表明，与壳幔循环相关的岩石在化学组成与岩性上具有不均一性。资料来源：（a）——约翰·W. 瓦利（John W. Valley）；（b）——妮科尔·A. 迈耶（Nicole A. Meyer）；（c）——唐娜·L. 惠特尼（Donna L. Whitney）；（d）—— Wang et al.，2019

经开始了解地壳和大火成岩省形成与变化的时间与机制，以及这些过程如何改变气候（Lee et al.，2017）、如何影响地球不同历史时期具有经济价值的元素分布以及如何影响地球的宜居性。

由于关键元素的内涵很广，涉及现代社会的安全、繁荣和健康，是低碳与零碳能源所需的材料，同时影响了地球内部和表层之间的挥发分循环等长时空尺度的行星过程（表 2-1），因此需要广泛的基础设施和机构合作来改进研究机遇。DOE 同步辐射装置可以用来进行高度专业化的地球化学分析，并测量各种材料在不同物理条件下的压力、温度、氧逸度和应变速率等性质（Dera and Weidner，2016）。地质年代学、岩石学和地球化学的快速发展与结合（Rubatto，2002；Kohn et al.，2017），以及最新一代的微区和纳米分析技术，为确定矿物从形成到现今暴露于地表所经历的压力-温度-流体-变形过程创造了条件。同时，需要建设信息基础设施来加强数据科学方面的培训和研究，开发地球化学和热力学数据库，并创新网络分析和机器学习方法，用来分析矿物和生物地球化学过程的模式与时间（Hazen et al.，2019）。新的合作伙伴关系和合作项目涉及新型动态压缩技术（DOE）、关键矿物研究项目（USGS）、EAR 的核心学科项目以及 GEO 其他处的项目（例如，负责海洋研究的 OCE），同时结合 IF 项目提供的基础设施，对于深化关键元素的研究具有重要意义。

2.2.4　什么是地震？

在教科书中，甚至对于大多数地球科学家而言，地震是由断层快速滑动引发的地体的突然运动。然而，最近的观测证据表明，地震的破裂现象并非如此简单，这种变形作用可以发生在广阔的时间和空间尺度内，从几秒钟、数分钟的快速滑动，到长达数百万年的板块构造。例如，近期的地震破裂现象展现出非常复杂的几何形态（Hamling et al.，2017）。又如，随着监测能力的改进，人们发现不同于常规地震的慢速、瞬态变形过程也广泛存在（Beroza and Ide，2011）（见图 2-8）。越来越全面的地质记录（剥露的断层及区域环境）表明，局部变形现象是复杂的，且和深度密切相关（Rowe and Griffith，2015）。

这个认识促使地球科学家重新审视地震及其背后的驱动力，并提出这个看似简单的问题——什么是地震？不论运动和变形的规模有多大，都是地球对产生板块构造、山脉和地形变化的内部应力的响应。我们已经知道了关于形变的数学方程式，但还不知道支配物质形变特性的流变规律。

通过开发表征矿物岩石材料性质的新技术，结合高性能计算设备，改进对地壳、岩石圈和地幔形变过程的模拟精度等方法，有望在未来十年帮助科学家更加全面地理解所观测到的不同尺度的形变现象。在此基础上，再根据系统的受力和不同尺度上材料的形变特性，就有可能构建出一个新的综合性框架。

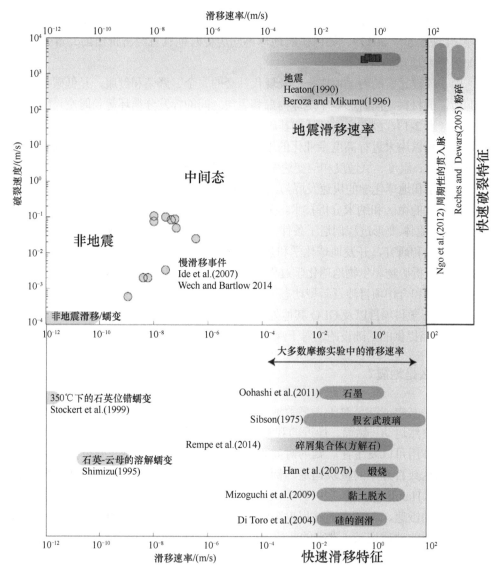

图 2-8 活动断层在地震（红色）、中间态（蓝色）、非地震（绿色）时的滑移速率和破裂传播速度

图中下半部分显示了在约束滑移速度和破裂传播速度条件下，实验再现的变形机制及其纹理特征。资料来源：Rowe and Griffith，2015

在这个全新的地球观中，对于板块边界，不能只是就其相对运动进行描述，而是从控制断层系统的流体力学角度，对其起源、性质、复杂性和演化加以阐明。这种观点代表了一种全新的板块构造理论，即基于动态的、物理学的解释，来取代当前的运动学、描述性的框架。板块构造和地幔对流将被视作同一个过程的不同表现形式。在这一过程中，地球根据物质性质以可预测的方式对应力做出响应

（Coltice et al.，2019）。

形成这样的统一理论需要以下几个关键条件：①与地质断裂带相结合的地震学和大地测量，以此全面了解构造应力的变形响应；②野外综合考察和地质年代学研究，明确已知断层的滑移历史和复发时间间隔；③通过实地考察，确定断裂系统（离散板块边界）已知断层和隐伏断层在演化时间内运动量的差异；④开展岩石力学和流变学实验，测量并描述与变形作用相关的物质性质；⑤开发动力学模型，模拟重现从快速、慢速、蠕滑移到板块运动的形变谱。地震对人类社会的影响太大了，从科学的角度来看，这种多管齐下的方法既是可信的，也是必要的。

基础科学与社会经济发展的紧密结合，一直是地球科学界近期提议的研究计划的主题（Williams et al.，2010；Davis et al.，2016；McGuire et al.，2017；Bebout et al.，2018；Huntington and Klepeis，2018）。这些项目和建议书不仅关注地球的成像与测量，还希望对基本的物理过程及其后果进行预测，提高对作为自然灾害的地震的认识水平。科学家们意识到，想要了解与地球变形（从地震到板块运动）有关的各种时间尺度的过程，需要不同机构、国家和国际之间的协同合作。同时这也激发了基础设施的多样化（从材料表征到地震仪，从基于仪器的设施到基于信息的设施和人力资源），以及在对断层开展钻探进而导致诱发地震之前，进行一些人为可控的流体注入实验。

2.2.5 火山活动的驱动力是什么？

火山喷发是地球系统中最壮观、最复杂的现象之一 [见图 2-9（a）]。那么，如何评估和预测火山作用的启动、持续时间、规模和强度？目前，得益于对火山喷发过程观测所积累的大量精细的时空数据，以及快速处理数据的新能力，地球科学家可以通过建立物理学模型来揭示驱动火山喷发的关键过程（NASEM，2017）。此外，高分辨率的地球物理成像技术和微区地球化学定年技术，可以为理解岩浆在地幔和地壳中的上升速度、岩浆房（储库）和火山迁移通道（火山管道）的几何形态变化及其对火山喷发的影响提供特有信息。在火山喷发时，科学家们可以利用这些方法给予当地应急管理部门亟需、近乎实时的建议。

火山也是地球内部的一个关键连接器，它与地球系统的其他部分以特有的方式彼此相互作用（NASEM，2017）。大火成岩省的喷发和侵位，其规模比历史上任何时候的火山事件都高出几个数量级，并导致大气 CO_2 浓度大幅度升高，引发全球变暖和海洋酸化，以及全球变暗和灾难性的火山冬天。这类事件与地质记录中一些重大的生物灭绝事件有关（例如，Burgess et al.，2017），凸显出火山及其相关的岩浆侵入作用在生命演化历史中所起到的巨大作用（Rampino and Self，2015）。类似黄石火山口这样的活跃区，虽然喷发规模小但仍会造成灾难性后果。火山口的喷发频率要比大火成岩省高出两个数量级，其总的规模要比历史上已知的大火成岩省喷发至少大一到两个数量级。尽管这些灾难性的火山喷发是非常罕见的事件，但因为其影响巨大而且具有毁灭性，所以对喷发过程的理解至关重要［见图2-9（b）］。即使是历史上小规模的喷发也会深刻地改变地貌景观数十年乃至几个世纪，并可能对人类社会产生全球性的影响［见图2-9（b）］。例如，1991年菲律宾皮纳图博（Pinatubo）火山喷发产生的气溶胶冷却效应，给全球带来了数周到数年的明显影响（Timmreck，2012）。因此，在21世纪甚至更远的未来，理解火山活动与气候变化之间的互馈作用是一个全新的挑战。火山学家们期待通过了解岩浆的产生、迁移和喷发的基本过程，确定岩浆活动的机制和影响，以及岩浆与大气圈、水圈、生物圈和岩石圈之间的相互作用——它们将偶然发生的重大事件范围放大了三个数量级。

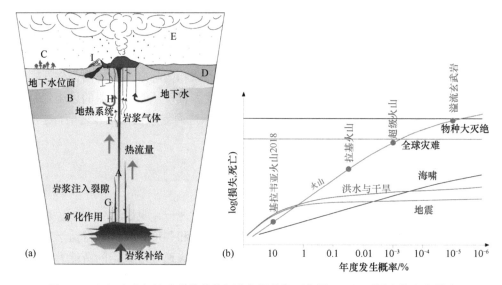

图2-9　（a）火山与地球系统其他部分之间的相互作用；（b）不同自然灾害影响后果的定性比较

火山借助火山通道（A）向生物圈（C）、包括海洋在内的水圈（D）以及大气圈（E）传递物质和热量。岩浆挥发分（F）在成矿作用（G）和地热系统（H）的形成中起着关键作用。反过来，喷发作用受控于构造过程以及相互作用的环境水，例如冰川（I）、地下水（B），以及海洋（D）和大气降水（E）等地表水的影响。超级火山和大火成岩省虽不常见，但它们属于非常巨大的喷发事件，对全球造成的影响远远超过其他大多数自然灾害。资料来源：修改自NASEM，2017

　　与极端天气、山体滑坡和洪水等局地灾害相比，火山活动的影响更具全球性［见图2-9（b）］。然而，若要了解火山喷发的驱动力，就必须认识到火山喷发不只是改变了周围的环境，它们也同样受到周围环境的强烈影响。构造运动控制着火山产生和输送的岩浆组分及数量。大地震被认为会大大增加附近火山的喷发概率（Manga and Brodsky，2006）。有明确的证据表明，气候变化会影响火山活动（例如，Watt et al.，2013）。火山周围或上覆的环境水体对喷发过程也有深远的影响，其时间尺度从微秒到小时，空间尺度从毫米到公里不等［见图 2-9（a）］。火山也会对与季节和气候周期性循环有关的地表形变做出响应，包括冰川形成与消融（Rawson et al.，2016）和受轨道周期影响的海平面变化，它们反过来也会影响喷发概率（Conrad，2015）。

大规模的火山喷发事件在自然灾害中是罕见的，因为在喷发前，它们通常会以地震活动、地表变形和排气等方式，提前数周到数月发出预警。然而，如果要通过这些前兆现象进行准确预报，就需要对大量独立火山的整个生命周期的休眠、活动、前兆和喷发模式开展研究。目前只有极少的岩浆系统和独立火山有已知的完整历史，因此很难从中归纳出普适的规律。未来十年的目标之一，就是利用沉积记录（如连续的岩心、露头和冰芯）中火山产物的时间序列，来扩充这些历史，特别是那些发生频率低但影响大的火山事件。其中远端火山灰、火山玻璃和硫酸盐、氯和汞等化学物质，可以提供除历史记录之外的火山喷发频率信息。对火山及其供给系统进行科学钻探和取心、实时监测（例如，Sakuma et al.，2008）和长时间记录（例如，Stolper et al.，2009）有助于理解火山的喷发机制。

《火山喷发及其休眠、活动、前兆和时序》（*Volcanic Eruptions and Their Repose，Unrest，Precursors，and Timing*）（NASEM，2017）的出版，以及 2018 年基拉韦亚（Kīlauea）火山的喷发，促使火山学家团结了起来，他们希望组建一个由学术界、USGS 和其他政府机构共同参与的合作组织。这个多元化的组织包括大地测量学家、地震学家、气体和岩石地球化学家、火山物理学家、遥感学家、数值模拟及建模专家、沉积学家、地质年代学家和实验岩石学家。现在，人们可以利用前所未有的新技术来观测火山系统，并深化对其基本过程的理解。要取得新进展，除了需要机器学习技术、人工智能技术，还需要计算机工程师、数学家及统计学家合力开发新模型。短时间内对大量数据进行快速获取、处理和解释的需求，对于基础设施及计算能力来说是个挑战。理解岩浆和火山过程的诸多关键性进展，都离不开在灾害事件发生期间所获得的数据，这也是 CONVERSE 研究协调网络（属于 SZ4D 的一部分）的一个关键组成部分；反过来，火山灾害预测方面的新进展也会对岩浆和火山过程的物理机制有更好的理解。

2.2.6　地形变化的原因和后果是什么？

在过去的二十年，学术界把气候、构造和侵蚀作用联系起来，进而在理解它们如何塑造地表并受地表形态变化的影响方面取得了巨大进展。聚焦的关键科学问题包括：岩石的力学性质、短期地质营力（如风暴）、地球内部的流变学和动力学过程在地貌演化中的作用，以及地貌与大气层、冰冻圈、海平面及生命的协同演化。如今，新技术可以从地质时间尺度到人类时间尺度进行地形测量，使得处理这些关键问题及其对地质灾害、资源和气候变化等紧迫社会挑战的影响成为可能（NRC，2015；Davis et al.，2016；McGuire et al.，2017；Barnhart et al.，2018；Huntington and Klepeis，2018；NASEM，2018）。

地形对地表上下不同尺度的运作过程都非常敏感。地幔动力学和板块边界的演化塑造着陆表的形态，时间尺度为数百万至数亿年，空间尺度为数十至数千公里，同时侵蚀作用移除物质从而改变地形。地震、火山喷发、风暴和冰川作用等，则以几分钟到几千年的时间尺度影响区域到局地（例如坡面尺度）的地形，反过来地形也会对全球和局地气候、岩石圈压力和侵蚀过程产生影响。地形也是人类所居住的地貌的基本特征。因此，量化地形变化对于推进地球科学诸多领域发展至关重要——从了解地质历史时期地球系统的相互作用，到对滑坡、生态梯度，以及未来几十年淡水和土壤资源分布的预测。

对地球系统不同部分之间关系的许多新认识，都可以用地形的形态及其变化来表述。这些关系涉及多种现象，例如地幔动力学、地表过程、冰盖变化和海平面变化的相互作用（例如，Flament，2014；Heller and Liu，2016；Austermann et al.，2017；Whitehouse et al.，2019），以及地貌景观与生物的协同演化（例如，Badgley et al.，2017；Fremier et al.，2018）。它们通过地质历史时期近地表形变与新获取的深部岩石圈和地幔成像之间的联系（Wu et al.，2016），以及岩石强度、岩石圈压力、生物地球化学循环、气候、物理和化学风化过程之间的反馈（例如，Riebe et al.，2017）得以体现。近年来，在观测和模拟不同时间尺度的地形变化方面，学术界取得进展并催生了许多新的前沿，上述内容只是其中的几个例子。

同时，了解地形及其变化是如何通过诱发地质灾害以及自然资源和生物栖息地的创造或破坏，进而影响人类社会的，这一需求比以往任何时候都要迫切（Davis et al.，2016；NASEM，2018）。例如，我们迫切需要对地形在气候变化下如何影响生态系统和水文变化开展量化研究。反过来，需要了解土地利用、生态系统和水循环的变化如何改造地形。地形及其变化还会以地震、滑坡、洪水、泥石流、火山喷发和海啸等方式，威胁人类生命和财产安全。对地形及变化的观测，以及对其过程的理解，在认识这些灾害背后的过程方面具有很大潜力。

地球深部、地表过程、气候和生物圈是一个相互关联的有机系统，技术进步为进一步理解这一系统内地形变化的前因后果奠定了基础。例如，激光雷达、摄影测量、干涉合成孔径雷达（InSAR）和基于无人机获取的数据集，彻底改变了我们量化现代地形变化的能力（例如，James and Robson，2012；Roering et al.，2013；Deng et al.，2019；见图 2-10）。在未来十年，获取全球大部分地区亚米级分辨率的地形特征是学术界的共同目标（Davis et al.，2016）。长期观测可以获得地震、天气事件、火山作用和人类活动对地形的影响。基于过去 34 年间美国陆地卫星（Landsat）影像[①]建立的可视化图集，已经改变了我们看待地球尤其是地表过程的方式。人类可以用前所未有的方式观察河流演变、冰川进退、海岸线变化、滑坡和其他大规模地表过程事件，这不但为我们带来了新的认识，也提出了新的问题（Schwenk et al.，2017；Dirscherl et al.，2020；Nienhuis et al.，2020）。

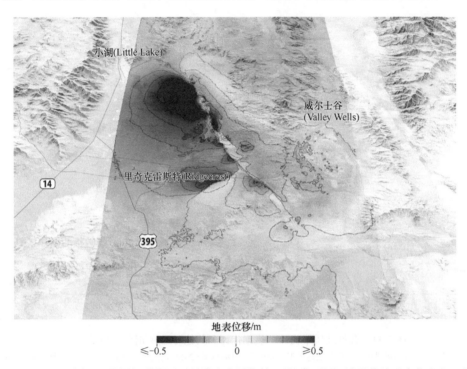

图 2-10　2019 年 7 月美国加利福尼亚州里奇克雷斯特（Ridgecrest）地震的地形变化表明，主破裂周围的许多断层发生了意想不到的滑动

以不同的色标表示地表位移量（水平向、垂向或两者都有，单位为米）。蓝色区域大致向西北（水平向）和向上（垂向）运动，红色与橙色区域向东南（水平向）或向下（垂向）运动。该图的陆地表面轮廓来自经过处理的卫星合成孔径雷达（SAR）数据和数字高程模型。资料来源：NASA

近年来，在地质时间尺度上测量地形变化的能力正在提升，并且有望在不久的将来取得显著进步，这为相关研究创造了难得的机遇。新的热年代学方法（见图 2-11）可以重建岩石从地壳深处折返到地表的过程（Huntington and Klepeis，2018），并以此估算全球在数千年到数百万年时间尺度上地表剥蚀和形成高差的时间和速率（例如，Champagnac et al.，2014；Harrison et al.，2015）。改进的古高度重建方法（例如火山灰的氢同位素记录或碳酸盐团簇同位素温度计）可以提供地质历史时期流域和山脉尺度的地形变化数据（例如，Garzione et al.，2017），通过进一步结合气候模型和地质观测，能够获得 500 m 精度的古

---

① 参见 https://earthengine.google.com/timelapse。[2020-3-31]

高度估算结果（Cassel et al.，2018）。这些方法使得我们可以探究深时地形变化的意义，例如高原的抬升、硅酸盐或碳酸盐风化、海水化学组成变化、大气环流和化学组成之间的关系（Farnsworth et al.，2019），以及山区地形演变与生物多样性之间的关系（Antonelli et al.，2018）。

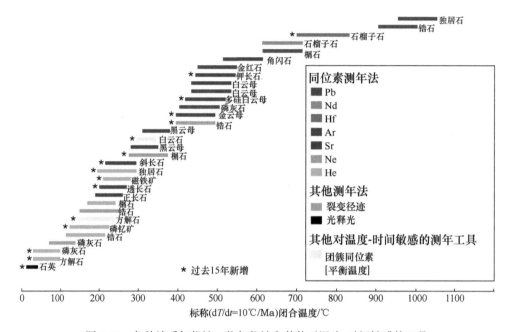

图 2-11   各种地质年代计、热年代计和其他对温度-时间敏感的工具

★表示近 15 年取得的进展。各矿物的适用温度范围引自 Hodges（2014），团簇同位素温度计范围引自 Passey and Henkes（2012）。资料来源：基普·霍奇斯（Kip Hodges）和凯瑟琳·亨廷顿（Katharine Huntington）提供

近来的概念和技术进步带来了新机遇，但也面临一些新的挑战。为了将近地表变形与地球内部的流变学及动力学联系起来，需要更好地估算地表隆升、沉降、侵蚀或沉积的时间与速率。整合地震学观测与地幔流及岩石圈变形的动力学模型，对于理解上述联系，以及地球内部动力学在现代和未来海平面预测中的作用有重要意义。为了定量描述岩石的化学和力学性质以及短期地质营力（例如风暴、地震和冰川快速退缩）对地表过程和地貌演化的影响，还需要更多观测数据和理论研究。将详细的地貌模型和大尺度的地幔模型加以耦合（例如，Braun et al.，2013）仍是一个挑战，因为二者具有不同的时空尺度，其组成物质的性质（如流变性）也具有不确定性。探索地形及其变化在陆地-大气互馈（见图 2-12）、陆地-冰盖相互作用、海岸和干旱带过程、栖息地建立、气候变化背景下生态系统结构中作用的研究才刚刚开始，它们对理解地质历史时期和下一个世纪的地球宜居性具有重要意义。

图 2-12　台湾地震和风暴导致的山体滑坡改变了地貌景观

桥梁和道路基础设施在图上清晰可见，凸显了山体滑坡对社会的影响。资料来源：克里斯滕·L. 库克（Kristen L. Cook）

在未来十年中，学术界对这些挑战的关注有望为理解地球表层和深部的相互作用，以及地球的固体圈层、流体圈层和生物圈的协同演化等问题带来新的认识。要取得进展，需要对现代地形和植被进行高分辨率的重复测量，需要信息基础设施来支持影像和格点云数据的开放访问、快速处理和分析；需要对现代天气、水文和地表水、土壤和沉积物的地球化学进行长期观测；需要获取过去的气候、海拔、地势、变形、风化、侵蚀、沉积以及地质历史时期的生态系统变化等新的记录。GEO 和 NASA 的合作，以及新的和优化的地质年代学和稳定同位素方法，将是发展这些数据和记录的关键。地球物理方法（例如，Aster et al.，2015）能够量化地下数米到数千公里范围内的地球结构和岩石力学性质（如侵蚀性、流变性），带来了令人激动的机遇。将这些多样化的数据与高分辨率的地貌演化模型、地幔动力学模型和气候模型整合在一起，是理解地形变化原因与后果的关键。

2.2.7　关键带如何影响气候？

关键带是地球陆地系统中的活性皮肤，从植被顶端到土壤，再向下延伸到新鲜的基岩以及活跃循环着的地下水底部（NRC，2001；Sullivan et al.，2017；见图 2-13）。关键带的性质受控于构造、气候、地形、风化、侵蚀和生物之间的相互作用，这些作用在地质时间尺度上，将致密的基岩营造成具有渗透性、储水性和发生化学反应的环境（例如，Riebe et al.，2017）。这一前沿领域对于理解地球和生命演化至关重要，促使美国和世界各国在该领域设立相关的研究项目（Richardson，2017），例如，对水分、营养物质和碳循环，以及植被和地下过程之间联系的前沿研究（例如，Brantley et al.，2017）。科学钻探和地球物理勘查，已经揭示出关键带结构会随着山坡地形的变化而变化（见图 2-13），并针对这些观察到的规律，推动了定量化模型开发（Riebe et al.，2017）。

虽然人们普遍认为关键带的结构和功能受到气候要素的影响，但是直到最近，人们才开始明确关键带对气候的影响方式和程度（Fan et al.，2019）。因为关键带

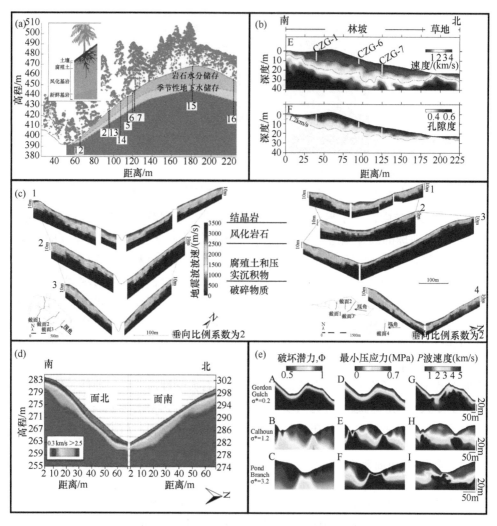

图 2-13　美国几个关键带观测站（CZOs）的山坡截面图对关键带性质的测量或预测

（a）基于雷达数据的植被和地表地形和基于钻井的横截面特征，监测了埃尔河关键带观测站（ER CZO）的岩石水分和风化基岩的季节性水位；（b）南部锡拉山关键带观测站（SS CZO）的地震波速度（上图）和孔隙度解释（φ）（下图）；（c）博尔德溪关键带观测站（BC CZO）几个截面上的地震波速度和推测的地下介质；（d）页岩山关键带观测站（SH CZO）地震波截面的南北对比；（e）BC CZO 的 Gordon Gulch（上）、Calhoun CZO（中）和马里兰州的 Pond Branch（下），分别对应破坏潜力预测（左）、导致破裂的压应力（中）及观测的地震波速度（右）。资料来源：（a）——Rempe and Dietrich，2018；（b）——Hayeset al.，2019；（c）——凯文·贝弗斯（Kevin Befus）；（d）——苏珊·布兰特利（Susan Brantley）；（e）——St.Clair et al.，2015

的结构和活跃性影响着陆地与大气之间的水汽、地下水、能量和气体的交换，所以关键带在调节温室气体浓度（尤其是水汽与二氧化碳）方面起着重要作用，进而影响了地表大气温度。这一认识来得特别及时，因为它与气候科学中越来越多的进展形成共识，即陆地不只是大气的下垫面，而是气候系统中一个不可或缺的组成部分。关键带储存水分，滋润着植被，补充地下水，并产生径流。关键带储存系统模型主要包括土壤水分通过蒸发和蒸腾作用与大气交换，但对关键带的研究表明，土壤下方风化基岩中的水分可能是蒸发水的重要来源，这是被气候模型忽视的过程（例如，Fan et al.，2019）。关键带也是陆地碳库与大气交换的地方。越来越多的证据表明，碳的动力学一直延伸到关键带的深处。为了量化关键带在地球气候系统中的作用，需要开发基于过程的概念模型，以此理解关键带的结构和组成如何控制水、能源、碳和营养物质的循环与耦合。

在更长的时间尺度上，物理侵蚀与化学反应消耗二氧化碳，关键带的发育会影响它们之间的联系（例如，Schachtman et al.，2019）。构造作用导致隆升并影响侵蚀速率，而河道下切破坏了地形——这些作用共同强烈地影响着关键带的物理和地球化学性质演化。在整个地质历史中，随着生命、陆地植物和动物的相继出现，以及随之而来的物理化学过程，关键带的性质可能已经发生了变化。探索古关键带的性质和过程，对理解地球气候的演变及其生物地球化学和沉积记录具有重要意义。

展望人类世的未来，关键带是所有植物获得水的地方，也是地下水资源暂时储存的场所。由于正在进行的农业和其他土地利用活动、北极变暖和干旱化，关键带将发生重大变化。由此产生的水文和生态后果，以及极端干旱和风暴的预期发生频率和持续时间，将会受到关键带的调节，而关键带鲜为人知的深部过程可能起到重要作用。关键带与大气之间的互馈，将推动区域气候和全球气候的变化。例如，随着气候变暖，植被和农业带在空间上的转移将取决于关键带的储水特性。植被和土地利用的变化，又会通过反照率、蒸腾速率、大气湿度和温度反过来影响气候过程。

研究关键带深部对植被、水资源和气候共同演化过程的影响，对于量化这种相互作用至关重要。可以利用先进的野外仪器对水文储量（包括土壤水分、岩石水、地下水、蒸腾作用、湿度、降水和径流）和气体的动态（包括 CO_2 交换）开展监测。重复陆地测量和机载激光雷达测量能够记录植被的结构，高光谱测量可以监测植被压力状态。天然同位素示踪剂可用来追踪植被的水源和水资源的更新周期。现在，通过太阳能数据记录器与无线电或手机连接，可以对偏远地区实现近乎实时的观测。对关键带固定观测点开展持续的长期观测很有必要。NSF 支持的国家生态观测站网络（NEON）项目和 NSF 长期生态研究野外观测站，可以为一些关键带研究提供场景。NSF 的关键带观测站在 2007～2020 年间建立了一个基准数据集。CZNet 项目可能在 2020～2025 年之间产出更多的基础数据集。NSF 与 DOE、美国林务局（USFS）等多个联邦机构的合作关系正在不断深化。Landsat 卫星的长期观测将在追踪地表变化方面发挥重要作用，同时 GRACE 卫星与 SMAP 卫星分别记录全球范围的深层和浅层土壤大规模的水分变化。

从区域、大陆和全球尺度对关键带性质进行量化是将之纳入地球系统模型的一个挑战。除了少数几个集中研究的地点外，土壤以下的关键带性质（如深度、孔隙度和碳含量）基本是未知的。为数不多的研究表明，关键带的性质可能随地形的变化而发生系统性变化（例如，见图 2-13）。在美国关键带观测网络的推动下，一些理论表明关键带的地形、岩性、气候、抬升和侵蚀速率，以及风化深度和程度之间的关系是可以预测的（例如，Riebe et al.，2017；Anderson et al.，2019；Harman and Cosans，2019）。所以，从大陆尺度对关键带进行首次长期记录很有必要。机载激光雷达测量可以快速生成高分辨率地图，许多地区都已经开展了飞行测量。地面和空中地球物理技术以及关键带性质定量预测理论的发展，应该会加快数据收集和地图生成速度。这些工作可以与 USGS、各州地质调查局合作。此外，与美国国家大气研究中心（NCAR）合作开发和完善全球陆地模型也将有利于关键带科学研究。

最后，为了应对关键带对气候影响的问题，地球科学家、生物学家、气候科学家和社会科学家需要共同努力，在 NSF 的几个部门，建立包括 GEO，生物科学部（BIO），社会、行为与经济科学部（SBE）在内的合作关系。

2.2.8 地球的过去对气候系统动力学有什么启示？

对地球的过去了解得越多，就越能更好地预测地球未来的变化（NRC，2011）。当前，我们生活在人类世，人类活动已经成为最重要的地质营力（Crutzen，2006）。过去地质历史上需要几千到几百万年才能发生的变化，现在可以在人类的时间尺度上实现。经过几千万到几亿年被埋藏和转化的碳，在一个世纪的时间里又重新回到了大气中。在上一个冰河时代结束后的间冰期，大气 CO_2 浓度上升 80 ppm[①]用了大约 6000 年时间。而同样幅度的大气 CO_2 浓度上升，在过去约 50 年时间里，即一位 20 世纪 70 年代出生者的有生之年里就发生了。

随着气候和环境变化的速度与幅度不断增加，地球科学家需要为人类社会所面临的挑战提供深刻、有说服力的科学背景知识。地球历史从古到今发生过的长期或快速的环境变化证据，提供了与当代的气候变化进行比较的关键基准，有助于阐明地球系统动力学（气候营力、反馈、响应和阈值），并且在校准用于预测未来场景的物理模型中发挥关键作用。尽管从大气层顶部到海洋深处都观察到现代环境发生了快速变化，但要准确预测持续变化后的影响，需要人类没有经历过的更长时间的记录。与此同时，地球科学是研究最近和正在发生的变化的重要视角，

① 1 ppm=10^{-6}

特别是通过跨学科合作，可以解决诸如地球健康（GeoHealth）、灾害风险或城市再生（urban regeneration）与发展等问题（Harman et al.，2015；Klenk et al.，2015）。

人类社会正在经历气候和环境变化的重大影响，例如极端气温和极端天气、海平面上升、干旱和火灾、水资源量与水质变化、加剧的风暴和内陆洪水、极地永久冻土和冰川消融（USGCRP，2017，2018；IPCC，2019）。这些重大影响，来自人类和自然系统的耦合交汇，将是 21 世纪人类面临的重要议题，涉及从农业到国家安全的方方面面。在人类尺度上，气候变化的速度正在加快，因此继续专注于地球系统过程与气候环境变化的相互作用的研究尤为紧迫。

虽然古气候代用指标和相关年代学数据的准确性与精确度正持续取得进步，但关于地球气候动力学，仍有许多需要了解的地方。这里，我们重点介绍地球科学家在气候和环境变化动力学方面取得进展的几个领域。其中一个是气候和地球系统模拟能力的增强，以及地质记录中古气候指标时空分辨率的提高。这些进展可以使那些特别容易受到快速和/或持续变化影响的地区的相关研究成为可能，例如在沿海地区，海平面的上升和地面沉降会导致更加频繁的洪水（Sweet et al.，2019）。

另一个例子是随着气温的升高和陆冰、海冰、永久冻土消失范围的增加，高纬度地区正在经历快速转变（Plaza et al.，2019）。尽管最近的研究在解释这种环境下的碳储存及运移方面取得了重大进展，但仍有一些尚未解决的问题，例如永久冻土的融化和微生物群落的变化，这些过程控制着碳的储存和通量。此外，气候模型往往低估了极地的放大幅度（相比于温带和热带地区，极地温度上升得更快）。古气候记录和模型是解决这一问题的必要条件，也是对高纬度地区环境变化进行更准确预测的关键。同样，有针对性地研究过去和当前极地冰盖消退的动力过程，以及海冰和极地冰盖减少后对全球陆地和海洋的影响，对于提高我们的预测能力和适应变化的能力至关重要。

新兴的信息基础设施既可以对古气候数据集进行存储和分析，也可以用来解决有关气候动力学的基本问题，从而解决长期以来古气候数据和模型之间的差异问题。对陆地和海洋收集到的古气候记录知识库加以整合（目前由于理念和机制原因，并没有很好地结合），有可能推进关于综合气候系统如何运行的基础科学发展。

提高开展大陆科学钻探项目或跨海陆界面项目的能力，有助于制定有针对性的野外计划，进而获得更长、更连续的气候变化记录，并/或增加观测的时空密度。这些工作将有助于填补现有数据集的缺失，并解决那些需要更长、更连续记录的问题，例如为揭示气候和环境变化及其与其他地球系统过程（如构造、固体地球、自然资源、生物和地貌演化）的研究。古气候研究的潜在合作伙伴包括：AGS、OCE、NASA 和 USGS。此外，与社会科学的合作（如 SBE 的研究）也可以有效地对气候信息加以解释并传递给公众。

2.2.9 地球的水循环是如何变化的？

所有陆地生命都离不开水循环。由于长期受人类活动和气候变化的影响，了解水循环的变化变得日益紧迫。世界各地的陆地储水层，特别是地下水含水层和渗流带，是在几千年至几百万年的气候和构造动力影响下出现的。人类社会依靠这些储水层来供水和处置废水（如为提高煤层气回收率而产出的水）。地球科学在推动水循环理论以及理解它如何与地球系统中的其他物理、生物和化学过程相耦合等方面起着重要的作用（NRC，2012；NASEM，2018）。

气候变化对水循环及人类文明的影响带动了当代水文学的发展。气候变化如何影响干旱、洪水和火灾等极端事件的性质和发生频率，以及随之而来对人类的影响，都是特别值得关注的问题。开源模型和计算资源可用性的增加，拓展了其在更大时空尺度上的应用（Wood et al.，2011；Bierkens et al.，2015）。具体而言，未来十年有望在含水层-大气层水文系统集成和仿真建模方面取得重要进展（Fan et al.，2019）。由于地下水活动是水循环的一个重要组成部分，因此跨越地表、浅层地下土壤与深层含水层之间的水通量需要更好的量化。与此同时，对于流域或更大尺度的生物地球化学应用而言，水文和反应运移模型的改进也能起到显著推动作用（Dwivedi et al.，2018；Li et al.，2019）。数据融合和数据同化方法的进步（包括机器学习），将是模型和数据联用的关键。

人们越来越认识到水循环和人类活动密不可分（Sivapalan et al.，2014；Sarojini et al.，2016）。因此，水文系统与人类系统的动态整合在水文建模中越来越重要（NRC，2012；Farhadi et al.，2016）。未来食物供给和能源生产需要大量用水，但目前尚不清楚水资源是否能满足需求（D'Odorico et al.，2018）。为了兼顾科学和社会效益，需要解决在建模能力方面的主要问题（Givens et al.，2018；Lesmes et al.，2019）。

地理科学的前沿很少有像高纬和高海拔区的快速变化那样，对水文学构成挑战。强烈的科学和社会需求驱动了关于水循环对地球上正在消减的冰冻圈的响应的研究（Williams et al.，2012；IPCC，2019）。冰冻圈的减少，例如冰川融化，可能会增加陆地其他储水层的储水量（Liljedahl et al.，2017；Somers et al.，2019）。冻土消融会促进地表水和地下水的交互（Walvoord and Kurylyk，2016；Evans and Ge，2017），但是冰冻圈变化对水循环长期影响的研究才刚刚开始（见图 2-14）。对于永久冻土的水文性质如何随时空变化，以及消融的永久冻土区的水通量和生物地球化学通量如何变化，人们依然知之甚少。

当前气候　　　　　　　　未来气候变暖

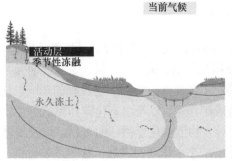

图 2-14　在当前气候（左图）和未来气候变暖（右图）情况下，
永久冻土区水循环的可能变化示意图

地表之下的季节性冻融活动层的厚度预计会随着气候变暖而增加。增厚的活动层能使更多的水从高地流向下游的河流和湖泊。当来自高地的冰川或积雪的水源减少时，将没有足够的水分来维持水流，高地可能会变得更干燥。

资料来源：修改自 USGS

过去十年间，用于测量水文储量和通量的新技术不断涌现。新兴的地球物理方法揭示了降水和蒸腾作用对地下水的影响（Voytek et al.，2019）。对雪水和土壤含水量的大地测量分辨率也越来越高（Larson et al.，2008；McCreight et al.，2014；Koch et al.，2019）。传感器、微处理器和无线通信技术的进步将继续推动水文观测系统的创新。卫星观测对于量化水循环不同部分的储量及时间变化越发重要。不断改进的地下水动态遥感表征有助于拓展水文系统研究的空间和深度范围。在 NASA 的 GRACE 卫星观测帮助下，学术界发现大陆储水量趋势模型结果和遥感观测结果之间存在差异，表明过程表征和气候强迫模型存在缺陷（Scanlon et al.，2018）。在过去十年中，各个航天机构发射了关注降水（GPM 卫星）、土壤水分（SMAP 卫星）和地下水（GRACE-FO 卫星）的卫星。即将和可能发射的卫星将会聚焦于地表水（SWOT 卫星）、地下水（GRACE-2 卫星）和雪水（Deeb et al.，2017）。

由于水循环的复杂性和重要性，这个领域需要开展合作，从而有力支撑 NSF 推动基础科学发展的使命。尤其值得关注的是，气候、浅海、全球水资源和人类在十年尺度的过程整合。NASA 的对地观测卫星正在以惊人的速度产生新的观测数据，包括冰川和积雪、土地利用和土地覆盖、海平面和土壤湿度的变化。EAR 和 NASA 可以考虑开展一项合作研究计划，可能包括设立专注于应用和社会需求的任务机构，来量化淡水储量的变化，并了解水在冰冻圈和陆地表面的动态通量。EAR 的其他天然合作伙伴是联邦机构，如 DOE 和 USGS，以及 NSF 内对水循环相关研究感兴趣的部门和处室 [如 SBE、工程学部（ENG）、BIO 的环境生物学处（DEB）、GEO 的 OPP，以及计算机与信息科学及工程部（CISE）的智能系统部门和其他部门]。

2.2.10 生物地球化学循环是如何进行的?

到目前为止,地球是太阳系已知的唯一拥有活跃的生物圈的行星。数十亿年间,生物圈不断演化并与地球表层的化学组分相互作用。碳、氧、氮、硫和其他元素通过生物过程发生循环,全球化学和地表矿物的多样性也受到生物过程的影响,这个过程包括光合作用、微生物参与的风化与成矿作用,以及二氧化碳和甲烷等生物来源的温室气体的产生(见图 2-15)。生物对生物地球化学循环的贡献,以及地球作为宜居星球在生物学机制上的理解,将在下一个十年取得进展。这些进展包括:对基因、代谢产物、有机物群体和不同循环之间相互作用的揭示(NRC, 2012),利用分子方法追踪相关的演化路径,量化生物因素对当前气候的影响,认识生物过程在岩石和矿物形成与风化、碳循环以及大气成分中的作用(例如,NRC, 2001;Derry et al., 2005;Azam and Malfatti, 2007;Quirk et al., 2012;Lyons et al., 2014)。

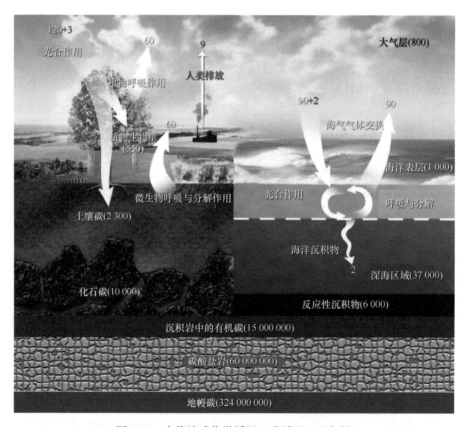

图 2-15 生物地球化学循环(碳循环)示意图

碳储库规模(白色)的单位为 10 亿吨(Gt, 10^{12} kg);通量(黄色和红色)的单位为 Gt/年。与生物圈、表层海洋与大气之间的通量相比,最大储库输出和输入(沉积岩、岩石中的有机碳、沉积物和地幔碳)的通量要小 2~3 个数量级。资料来源:修改自 NASA

自地球生物学诞生以来，生物地球化学记录的重建就一直以环境化学、矿物学、地质年代学、微生物学、地层学和沉积学为基础（例如，Baas Becking，1934；Cloud，1965，1968；见图 2-16）。在过去二十年中，主要概念和方法的发展已将地质及地球化学作用与海洋、沉积物、土壤和极端环境中的微生物和代谢多样性联系起来，这些令人吃惊的联系以前未被充分重视（例如，Karner et al.，2001；NRC，2001，2012；Nesme et al.，2016）。这些概念和方法包括数据科学、对物种和生态群落的基因与蛋白质的组合分析、分子微生物学、地质年代学、地球化学，以及更广泛的分子钟和分子系统发育学。

由于生命可以在各种地球环境中生存，因此对地球化学的各方面研究，包括关键元素富集、关键带的演化过程、水循环和沉积记录，都需要考虑微生物新陈代谢作用产生或消耗矿物质的作用（Hazen et al.，2019），以及在温室气体和有机分子过程中所扮演的角色。目前，因生物反馈的性质和幅度存在很大不确定性，限制了气候和地球化学模型的预测能力（NRC，2012）。微生物培养以及分子与基因组分析方面的进展，已经开始揭示出环境中常见微生物群落的代谢和生物地球化学作用（例如，Boetius et al.，2000；Johnson et al.，2006；Sim et al.，2011）。当今和未来十年的挑战包括将微生物群落、基因和酶的多样性（而不仅仅是物种）与群落功能、恢复力和地球化学作用速率联系起来。

地球生物学与材料科学、地球化学和环境科学的融合是商业应用（例如，Ehrlich，1997）、生物修复应用、重要经济矿物的形成、毒素或污染物的环境稳定性，以及抗菌化合物和纳米材料生产的关键（NRC，2012；Boyd et al.，2019）。一个特别紧迫的问题涉及地球表面的生物群落对全球气候变化的潜在影响，在短时间尺度上，地球健康问题的典型例子是预测现代微生物系统（会产生 CH_4 或 N_2O 等温室气体）对人为引发的变化（如永久冻土融化或农业活动）的响应（例如，Richardson et al.，2009；Thomson et al.，2012；Drake et al.，2015；Johnston et al.，2019），并了解病原体在自然系统内部和跨自然系统的传播。未来的农业和工业发展也需要考虑土壤和海洋沉积物中营养元素在微生物中的循环、重要经济矿物的转化以及关键元素的富集能力。

地球的沉积岩保留着不同的氧化还原、气候、化学和生物环境信息，这些证据带来了关于影响地球宜居性长期演化的驱动因素和反馈机制的问题。在过去的40亿年里，发生了许多重大的生物地球化学和气候变化事件，如大氧化事件、古元古代和新元古代的"雪球地球"、海洋缺氧事件，以及可能导致大灭绝事件的新型代谢方式（例如，Luo et al.，2016；Gumsley et al.，2017；Rothman，2019）。其中最大的转变，即大氧化事件，就基于产氧光合作用的演化（见图 2-16），氧气的增加促进了随后的生物地球化学演化，并迎来了包括人类在内的复杂生命的出现。同位素地球化学的进展告诉我们，地球大气大约在 24 亿到 23 亿年前就被氧化了（Farquhar et al.，2000），但是这种新陈代谢发生的确切时间，以及地球表层和大气是如何以及为什么会被氧化，仍没有答案。随着对基因功能认识的不断深入和基因组测序效率的提高，加上微生物化石记录，分子钟分析领域得以发展。这些分析可以约束初级生产者和其他生命体的早期演化事件、产氧光合作用演化与地球大气氧化之间的延迟，以及随后氧、碳、硫和其他元素循环之间的相互作用（例如，Sanchez-Baracaldo et al.，2017；Gibson et al.，2018；Magnabosco et al.，2018；Wolfe and Fournier，2018）。

图 2-16　在实验室微生物皿中培养的蓝细菌通过光合作用产生氧气泡
地质记录中的各种数据都记录了地球大气中氧气含量的增加，这是由蓝细菌中含氧光合作用的演化引发的。图片视野约为 5 cm。资料来源：塔尼娅·博萨克（Tanja Bosak）

　　地球生物学的研究需要对基因组和化石记录进行精细的采样、分析和解译，对微生物代谢指标和环境条件在机制上有深入的理解，以及研发用于采集和储存沉积物岩心中的生物样品的设备。对于微生物细胞或生物群落的界面和多尺度分析，为了对这些过程的速率进行更好的约束，需要持续发展高精度地质年代学（Harrison et al.，2015），以及实现对小样品进行高精度、高准确度分析的技术创新，如同步辐射 X 射线光谱、激光剥蚀电感耦合等离子质谱（LA-ICPMS）、二次离子质谱（SIMS）、纳米二次离子质谱（NanoSIMS）、稳定同位素和有机地球化学分析（例如，Orphan et al.，2001；Bobrovskiy et al.，2018）。其中，同步辐射 X 射线光谱可以通过 GEO 和 DOE 之间的合作实现，其他与材料科学相关的工具可以依托 EAR 内部，或与 NSF 的工程部门合作来开发。要描述现代生物地球化学循环和重建生物地球化学历史演化，还需要依靠信息基础设施提供可供访问的大型综合数据库，以及对这些信息进行可视化和定量分析的工具［与美国国立卫生研究院（NIH）的国家生物技术信息中心和 DOE 的联合基因组研究所合作］。这都要求我们持续培养新一代的研究人员，使他们既能从许多传统的独立学科中获得、分析和整合信息，又能建立和保持强大的学科专业知识和技能。

2.2.11　地质过程如何影响生物多样性？

生物多样性是地球最基本和最显著的特征之一，但人们对它的了解却不多。地球科学家们正在努力通过量化物种的数量及生物在功能、形态、代谢和生理方面的变化（见图 2-17），来演绎生物多样性在地质历史时期的演变（Bottjer and Erwin，2010；Conservation Paleobiology Workshop，2012）。在任一时间和空间，生物多样性都可以在物种形成与灭绝之间的净平衡，以及因物种分化、灭绝和变化而产生的生物特征上得到体现。因此，对生物多样性的研究离不开对物种演化速率的研究，以及对塑造演化环境的地质过程的研究。

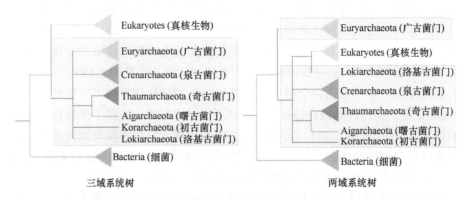

图 2-17　主要生物类群——真核生物（植物、动物、真菌及近亲）分支和原核生物［古菌（方框内）和细菌］分支——进化关系的两种假说

左图为三域系统树，真核生物、细菌和古菌为相互独立的分支。右图为两域系统树，真核生物被嵌套在一个更大的包括古菌在内的分支中。根据这两种假说，真核生物在解剖学上非常多样化，然而地球上大部分的代谢多样性都位于原核生物中。资料来源：修改自 Williams et al.，2013

生物多样性与地质过程（包括大规模人类活动）之间的关系被认为是相互影响的（NRC，2001，2012）。认识生物多样性如何以及为何随着时间、环境和空间位置的变化而变化，对于理解地球与生命之间的相互作用和反馈至关重要。例如，新的代谢途径或其他演化上的创新可能引发了大气和海洋化学、气候以及沉积过程发生重大变化（Boyle et al.，2014；Santos et al.，2016）；重大灭绝事件导致的生物多样性的丧失可能干扰并影响地球化学循环的基本过程（D'hondt，2005）；构造过程、地形与水位的时间变化可能会以某些人们尚未完全了解的方式影响地貌及海洋中物种的类型和数量（Badgley，2010；Zaffos et al.，2017）；并且有证据表明，陆地生物的特性反过来会影响地貌的稳定性和侵蚀作用（Davies and Gibling，2010），从而影响气候和构造之间的互馈。一些观测和实验研究表明，人类活动导致的生物多样性的丧失，可能会降低生态系统的稳定性和生产力，而这些生态系统对人类福祉至关重要（Cardinale et al.，2012；Isbell et al.，2017）。

几乎所有曾经存在的物种现在都已灭绝了。几个世纪以来的生物调查和演化关系重建记录表明，如今的生物圈提供了广泛且相当有代表性的样本，代表了生命树上仅存的一小部分物种。同时地层记录提供了一个深时视角，有助于解释生命如何被持续的地质和环境过程所塑造，例如构造运动或气候变化（Johnson et al.，1996；Cohen et al.，2007；Crampton et al.，2018）；罕见的大型地质事件与相关的地球化学变化，譬如大火成岩省的喷发（Clapham and Renne，2019）和地外撞击（Schaller and Fung，2018；Gulick et al.，2019）；以及单一的演化事件，如产氧光合作用的出现（Holland，2002）。

随着科学技术的发展，现在正是深入开展生物多样性研究的大好时机。生物学家和地球科学家已经认识到，这两个领域的资料和方法有必要结合起来，以了解生物多样性的过去、现在和未来，特别是在目前全球环境持续变化的背景下。例如，通过研究鲸的化石和现存物种推断其演化关系，同时将鲸的演化趋势与海洋的变迁联系起来，人们对鲸演化的认识有了很大进步（见图 2-18）。在宏观演化的时间尺度上，多样化的数学模型可以把影响生物演化速率与多样性的外部因素（如地球化学）和物种的内在特征（如生理学）结合起来，提供了严格检验不同假说的能力（Slater et al.，2012）。在较短的时间尺度上，生态模型试图将物种的空间分布解释为可观测到的环境变量的函数，现在正在用更新世的数据来检验模型，以确定该模型在预测未来生态系统气候变化响应时的潜力和局限性（Maguire et al.，2015）。学术界建立的数据平台发展迅速，可以对数百万计的生物多样性观测数据开展宏观分析，使得生物多样性和古气候学中的大数据资源的集成成为可能（Farley et al.，2018）。此外，地学和生物学的数据挖掘不断加强，已经可以为演化和生态模型及其分析提供实证基础（Peters et al.，2014），并且正在努力使不同的地质数据库和生物数据库实现互操作性[①]。在实验方面，对生物生理学理解的不断进步，以及地质年代学和环境代用指标的发展，特别是对大气化学（如 CO_2 浓度）和海洋化学（如氧化还原状态）等关键参数的认识，使人们能够对环境和生物变化之间的关系假说加以检验。

未来要想在理解生物多样性历史方面取得进展，离不开数据采集技术的持续发展（包括野外露头和岩心的实地采样）、地质年代的改进（Harrison et al.，2015）、数学建模和信息基础设施，以及一支受过数学专业训练和地质学训练的人才队伍。此外，EAR 有很大的潜力与 NSF 的 DEB（系统分类和生物多样性，生物多样性维度）和 OCE、NASA 的天体生物学项目建立或拓展合作，在信息基础设施方面，则是与 NSF 的 CISE 以及国防部的国防高级研究计划局（DARPA）（如科学信息的自动提取）开展合作。

---

① 参见 http://earthlifeconsortium.org[2020-1-25]

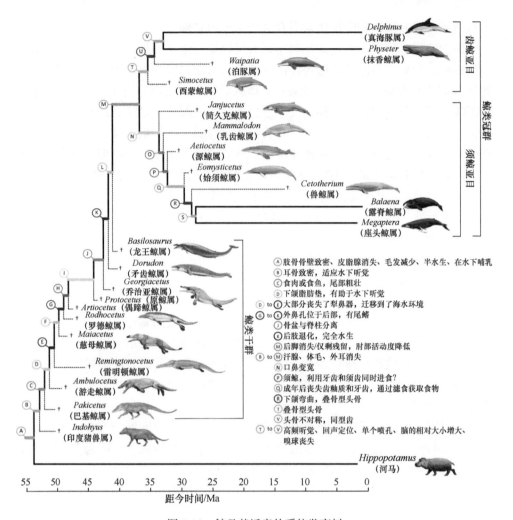

图 2-18　鲸及其近亲的系统发育树

圆圈中各个字母代表某特定的演化形式，如 J 代表骨盆与脊柱的分离。对化石与现存物种的综合分析表明，鲸在上新世时开始演化出极其巨大的体型，这与浮游生物初级生产力增加的海洋变化一致（Slater et al.，2017）。资料来源：McGowen et al.，2014

2.2.12　地球科学研究如何降低地质灾害的风险与损失？

地质灾害（地震、海啸、火山爆发、山体滑坡和洪水）在 1900～2015 年间造成了 6.5 万亿～14 万亿美元的损失以及近 800 万人死亡（Daniell et al.，2016）。由于减灾速度落后于地质灾害的增加速度，灾害的影响日益严重（Cutter et al.，2015）。这就要求我们加强地球科学与其他学科的合作，包括工程学、数据科学、灾害心理学、公共卫生学、土地利用规划和政策科学，从而降低风险。地球科学家对地质灾害的预测和定量化是所有这些工作的基础。

最近的研究表明，通过地球科学研究可以更好地掌握地质灾害的发生机理与演化过程。例如，俯冲带的近海沟区域曾被认为难以发生板块的快速滑移，但在2011年日本东北地区的3·11地震中，该区域发生大规模的快速滑移，造成了致命影响。海沟附近的强烈滑移引发了意想不到的大海啸，是造成这次严重伤亡的最主要原因（Saito et al.，2011）。尽管日本是世界上最了解海啸、应对海啸最为充分的国家，但还是发生了这种情况。虽然研究成果难以预知，但委员会乐观地认为，科学界有望在未来10~20年内，在其中一些领域取得突破性进展。

最近观察到的美国加利福尼亚州地表破裂型地震的间隔与目前地震模型预测的结果不一致（Biasi and Scharer，2019），表明地震的一些基本特征仍然未知，也难以判断不久的将来是否会发生一连串大地震。尽管美国的圣安德列斯断层系统是地球上研究得最为透彻的断层，但是上述不确定性仍然存在。另外，对2018年基拉韦亚火山喷发记录的详细程度是前所未有的（Neal et al.，2019），但是有些重要现象也是始料未及的，例如：火山活动中心突然移动了20 km，古老岩浆存储在非常浅的地方，火山口的戏剧性坍塌以及火山爆发的骤停等。尽管这是地球上被研究得最为透彻的火山，但仍无法预测火山活动的确切形式。综上所述，即使是上述三个已被研究得特别充分的系统，也还有很多问题没能搞明白，那么对那些研究尚不透彻的区域，就更具有挑战性。这些例子表明，自然灾害的基础科学问题亟待解决。

地质灾害研究的目的之一是开发预警系统来保护生命和财产安全。滑坡就是一个很好的例子。它是由不确定的地下条件控制的区域性灾害，因为存在临界状态，使得滑坡预测对致滑条件的不确定性高度敏感。滑坡可能以大规模坍塌的形式开始，然后以泥石流的形式移动，并在数公里范围内变得极具破坏性。泥石流也可能在没有滑坡的情况下形成，并发展成大规模携带巨石的灾难（见图2-19）。目前，我们通过降雨强度和降雨时长的经验关系来预测降雨诱导型滑坡的发生（例如，Chen et al.，2015），卫星监测和降雨预测被用于估计滑坡风险增大的位置和时间（Kirschbau and Stanley，2018）。未来关于大暴雨引发山体滑坡的数据和高分辨率的地形数据不断增加，将进一步改善滑坡模型和预警系统。

地质灾害带来了各种各样的挑战。皮纳图博火山等火山爆发产生的气溶胶造成全球范围气候变冷，冰岛埃亚菲亚德拉冰盖火山爆发造成了航空旅行的中断，海洋海啸也对全球产生了影响。从另一个极端看，自然灾害造成的强烈局部性破坏也会产生严重后果。例如，地震造成美国的年化损失预计高达61亿美元，考虑到美国的经济规模，似乎还能承受。然而，真正的损失并不是按年计算的，相反，它们一个个在毫无预兆的情况下突袭而来，造成集中破坏，其损害也可能无法完全恢复（Jaiswal et al.，2017）。

图 2-19　2018 年 1 月，泥石流冲毁并淹没了美国加利福尼亚州蒙特西托的 130 栋房屋，造成
23 人死亡

圣伊内兹山脉的源区在 3 周前被烧毁，15 分钟内的降雨量高达 75 mm。来自荒坡的径流夹带着携带了富含泥土和灰烬的土壤，在峡谷中形成破坏性的泥石流，它们卷起巨石，一直流至蒙特西托（Matinpour et al.，2019）。这一事件证明了对泥石流的源区开展基础研究，以及开发泥石流行进路线预警系统的必要性。资料来源：USGS

向地下注入流体等工业活动（如石油和天然气生产或增强地热系统），已经在美国和其他地方诱发了地震（Ellsworth，2013；Grigoli et al.，2017）。人类活动诱发地震是一个令人担忧的问题，但与此同时，诱发地震也提供了一个有望解决未知问题（如地震前兆，地震破裂起始传播和终止的控制机制）的机会（例如，Guglielmi et al.，2015；Savage et al.，2017；Huntington and Klepeis，2018）。大规模的流体注入和钻井实验，如诱发地震与应力的科学勘探（SEISMS）项目，可以直接提供钻孔的应力、孔隙流体压力和断层滑动等关键测量参数。这或许会是将来 EAR 和 DOE 可以合作的领域。

地质灾害易发区的快速城市化、日益互联但脆弱的城市基础设施增加了人类生命和财产安全的风险。例如，2005 年卡特里娜飓风造成的损失估计在 1600 亿至 2000 亿美元之间（King，2005；NOAA，2018），2017 年哈维飓风造成的损失约为 1250 亿美元（Smith，2018）。由于自然因素和人为因素导致的地面沉降、自然地表植被减少，以及限制了河流自然沉积的大坝和堤坝，使得许多脆弱地区的洪水灾害变得更加严重。随着水文循环的改变，暴雨和飓风事件变得更加极端，气候变化使这些事件的发生频率增加且后果更加严重。这些事件造成的财产损失日益增多，因此迫切需要加强灾害预测和防灾减灾。

虽然有关部门在自然灾害的预测和预报方面有业务责任，但 NSF 在支持基础研究方面发挥着至关重要的作用，为当前和未来灾害预测工作打下了坚实基础。改进灾害预测工作需要更好地量化灾害发生的概率、获取灾害的各种行为，包括可能只能从地质记录中才能明显看出灾害频率及灾害规模的极端事件。灾害预测工作需要了解诱发灾害的地球系统内复杂相互作用的基本过程。新技术可以在相比以往更高的时间和空间分辨率下观测和约束灾害过程。例如，2018 年基拉韦亚

火山爆发期间，无人机系统展示了其变革性能力，为未来的实时、高分辨率机载观测提供了可能，可以在灾害发生的同时实时传送数据到应急管理中心，使得我们能够及时预测灾害的突然变化。譬如对于滑坡来说，也许可以预测其从稳定蠕变到灾难性破坏的转变。地形分辨率的提高、局地降雨强度的预测以及滑坡模型的建立可以提高灾害的识别能力，从而在风险升高时，最大限度地缩短应急响应时间。对于地震来说也是如此，缓慢变形的瞬态、累积应变模式或地震活动性可能为地震发生时间提供线索。地质灾害的计算机模拟结果已经越来越接近真实而复杂的灾害现象，例如可以解释为什么某些俯冲带可能会发生特大海啸（Kozdon and Dunham，2013）。观测、实验和数值模拟所提供的大量信息有望带来新的视角，尤其是关于如何在大尺度的模型中体现小尺度的过程。为了充分利用这些机会，需要引入机器学习等新的方法（Bergen et al.，2019）。

由于许多地质灾害都是不可预测的，所以长期观测的数据收集工作在记录灾害行为方面将发挥重要作用。例如，火山爆发的前兆十分频繁，地震灾害在发震后会持续一段时间，此时加密仪器布设十分必要。地质灾害的研究进展一直并将继续依靠数据和模型来驱动。对于数据驱动的研究方法，新式传感器技术和以可扩展算法的形式从大量数据中提取信息的信息基础设施将变得越来越重要。对于模型驱动的方法，则需要更高性能的计算来提高模拟仿真效果。总的来说，自然灾害研究的持续进步需要 NSF 与 USGS、NASA 和 DOE 等其他机构的持续合作。

2.3　研究的推广

科学进展如果不能有效地传播给公众，就不会自动转变为社会的进步。因此，要将 EAR 资助的科学研究应用于教育并进行推广，这与地球科学研究的最终影响力有着内在的联系。2018 年，超过 50%的美国人能从互联网上找到他们所需的科学信息，但只有 40%的人对科学界表示高度信任（Besley and Muhlberger，2018）。显然，地球科学界需要继续与公众互动，以帮助提高公民的科学素养。除了促进更广泛的包容性，提高公众科学素养外，推广工作还能产生一些互惠效益，即非专业人员可以为科学界贡献重要的数据和分析。一些地球科学学科，如古生物学，历来有许多重要的贡献来自于非专业研究人员，而其他学科，如地震学，也正越来越多地因为传感技术和通信技术（如智能手机）而快速发展。

2.4　科学问题和基础设施的联系

这些优先科学问题，体现了地球科学的学科属性、研究方法与分析方法具有多样性和综合性特点。对仪器、信息基础设施和人力资源的投入是未来十年实现优先科学问题以及其他地球科学优先事项的关键。如前文所述，基于仪器的关键基础设施，包括实验与分析能力以及野外应用，将有助于对整个地球历史时期各种条件下的物质性质进行表征。地质年代学的进步将为了解地质和生物演化增加关键的时间信息。新数据和现有数据的获取及存档需要持续发展信息基础设施和数据管理方法。未来十年的承诺和希望是，新的计算能力发展可以使人们能够对截然不同的时空尺度下的物理过程进行耦合建模，从而推动数据和模型的深度整合，使两者能够相互借鉴。对动态过程的精细、快速观测和物理过程建模，具有颠覆性的技术潜力，可以提高我们对不断变化的地球的认识。这些进步取决于对人力资源的资助，包括培养高级技术人员和精通数据科学与计算机科学的人才队伍。研究队伍的多样性和学术界的广泛性是科学卓越性和完整性的基本特征。增强地球科学的多样性和包容性具有巨大的创新潜力，既能推动优先科学问题的解决，又能确保科学成果惠及全社会，这些内容将在第 3 章中加以介绍。

参 考 文 献

Adams, M. M., D. R. Stone, D. S. Zimmerman, and D. P. Lathrop. 2015. Liquid sodium models of the Earth's core. Progress in Earth and Planetary Science 2(1): 29. DOI: 10.1186/s40645-015-0058-1.

Anbar, A. D. 2008. Oceans. Elements and evolution. Science 322(5907): 1481-1483. DOI: 10.1126/science.1163100.

Anderson, R. S., H. Rajaram, and S. P. Anderson. 2019. Climate driven coevolution of weathering profiles and hillslope topography generates dramatic differences in critical zone architecture. Hydrologic Processes 33: 4-19. DOI: 10.1002/hyp.13307

Antonelli, A., W. D. Kissling, S. G. A. Flantua, M. A. Bermúdez, A. Mulch, A. N. Muellner-Riehl, H. Kreft, H. P. Linder, C. Badgley, J. Fjeldså, S. A. Fritz, C. Rahbek, F. Herman, H. Hooghiemstra, and C. Hoorn. 2018. Geological and climatic influences on mountain biodiversity. Nature Geoscience 11(10): 718-725. DOI: 10.1038/s41561-018-0236-z.

Armstrong, K., D. J. Frost, C. A. McCammon, D. C. Rubie, and T. Boffa Ballaran. 2019. Deep magma ocean formation set the oxidation state of Earth's mantle. Science 365(6456): 903-906. DOI: 10.1126/science.aax8376.

Aster, R., M. Simons, R. Burgmann, N. Gomez, B. Hammond, S. Holbrook, E. Chaussard, L. Stearns, G. Egbert, J. Hole, T. Lay, and S. R. McNutt. 2015. Future Geophysical Facilities Required to Address Grand Challenges in the Earth Sciences. A community report to the National Science Foundation. 52 pp.

Aubert, J. 2015. Geomagnetic forecasts driven by thermal wind dynamics in the Earth's core. Geophysical Journal International 203(3): 1738-1751. DOI: 10.1093/gji/ggv394.

Aubert, J., and C. C. Finlay. 2019. Geomagnetic jerks and rapid hydromagnetic waves focusing at Earth's core surface. Nature Geoscience 12(5): 393-398. DOI: 10.1038/s41561-019-0355-1.

Aubert, J., C. C. Finlay, and A. Fournier. 2013. Bottom-up control of geomagnetic secular variation by the Earth's inner core. Nature 502(7470): 219-223. DOI: 10.1038/nature12574.

Aurnou, J. M., and E. M. King. 2017. The cross-over to magnetostrophic convection in planetary dynamo systems. Proceedings of the Royal Society A: Mathematical, Physical and Engineering Sciences 473(2199): 20160731. DOI: 10.1098/rspa.2016.0731.

Austermann, J., J. X. Mitrovica, P. Huybers, and A. Rovere. 2017. Detection of a dynamic topography signal in last interglacial sea-level records. Science Advances 3(7): e1700457. DOI: 10.1126/sciadv.1700457.

Azam, F., and F. Malfatti. 2007. Microbial structuring of marine ecosystems. Nature Reviews Microbiology 5(10): 782791. DOI: 10.1038/nrmicro1747.

Baas Becking, L. G. M. 1934. Geobiologie of inleiding tot de milieukunde. Den Haag: W.P. Van Stockum & Zoon. Badgley, C. 2010. Tectonics, topography, and mammalian diversity. Ecography 33(2): 220-231. DOI: 10.1111/j.16000587.2010.06282.x.

Badgley, C., T. M. Smiley, R. Terry, E. B. Davis, L. R. G. DeSantis, D. L. Fox, S. S. B. Hopkins, T. Jezkova, M. D. Matocq, N. Matzke, J. L. McGuire, A. Mulch, B. R. Riddle, V. L. Roth, J. X. Samuels, C. A. E. Stromberg, and B. J. Yanites. 2017. Biodiversity and topographic complexity: Modern and geohistorical perspectives. Trends in Ecology and Evolution 32(3): 211-226. DOI: 10.1016/j.tree.2016.12.010.

Badro, J., J. Siebert, and F. Nimmo. 2016. An early geodynamo driven by exsolution of mantle components from Earth's core. Nature 536(7616): 326-328. DOI: 10.1038/nature18594.

Barnhart, K., T. Becker, M. Behn, J. Brown, E. Choi, C. Cooper, J. Dannberg, N. Gasparini, R. Gassmoeller, L. Hwang, B. Kaus, L. Kellogg, L. Lavier, E. Mittelstaedt, L. Moresi, A. Pusok, G. Tucker, P. Upton, and P. Val. 2018. CTSP: Coupling of Tectonic and Surface Processes. Whitepaper Reporting Outcomes from NSF-Sponsored Workshop, Boulder, CO, April 25-27.

Bebout, G. E., D. W. Scholl, R. J. Stern, L. M. Wallace, and P. Agard. 2018. Twenty years of subduction zone science: Subduction Top to Bottom 2 (ST2B-2). GSA Today 4-10. DOI: 10.1130/gsatg354a.1.

Befus, K. M. 2010. Applied geophysical characterization of the shallow subsurface: Towards quantifying recent landscape evolution and current processes in the Boulder Creek watershed, CO. University of Colorado, 104 pp.

Bercovici, D., and P. Skemer. 2017. Grain damage, phase mixing and plate-boundary formation. Journal of Geodynamics 108: 40-55. DOI: 10.1016/j.jog.2017.05.002.

Bergen, K. J., P. A. Johnson, M. V. de Hoop, and G. C. Beroza. 2019. Machine learning for data-driven discovery in solid Earth geoscience. Science 363(6433). DOI: 10.1126/science.aau0323.

Beroza, G. C., and S. Ide. 2011. Slow earthquakes and nonvolcanic tremor. Annual Review of Earth and Planetary Sciences 39(1): 271-296. DOI: 10.1146/annurev-earth-040809-152531.

Besley, J., and P. Muhlberger. 2018. Science and technology: Public attitudes and nderstanding. In Science & Engineering Indicators 2018. National Science Board, ed. Alexandria, VA: National Science Foundation.

Biasi, G. P., and K. M. Scharer. 2019. The current unlikely earthquake hiatus at California's transform boundary paleoseismic sites. Seismological Research Letters 90(3): 1168-1176. DOI: 10.1785/0220180244.

Bierkens, M. F. P., V. A. Bell, P. Burek, N. Chaney, L. E. Condon, C. H. David, A. de Roo, P. Döll, N. Drost, J. S. Famiglietti, M. Flörke, D. J. Gochis, P. Houser, R. Hut, J. Keune, S. Kollet, R. M. Maxwell, J. T. Reager, L. Samaniego, E. Sudicky, E. H. Sutanudjaja, N. van de Giesen, H. Winsemius, and E. F. Wood. 2015. Hyper-resolution global hydrological modelling: What is next? Hydrological Processes 29(2): 310-320. DOI: 10.1002/hyp.10391.

Biggin, A. J., G. H. M. A. Strik, and C. G. Langereis. 2009. The intensity of the geomagnetic field in the late-Archaean: New measurements and an analysis of the updated IAGA palaeointensity database. Earth, Planets and Space 61(1): 922. DOI: 10.1186/BF03352881.

Biggin, A. J., E. J. Piispa, L. J. Pesonen, R. Holme, G. A. Paterson, T. Veikkolainen, and L. Tauxe. 2015. Palaeomagnetic field intensity variations suggest Mesoproterozoic inner-core nucleation. Nature 526(7572): 245-248. DOI: 10.1038/nature15523.

Bobrovskiy, I., J. M. Hope, A. Ivantsov, B. J. Nettersheim, C. Hallmann, and J. J. Brocks. 2018. Ancient steroids establish the Ediacaran fossil Dickinsonia as one of the earliest animals. Science 361(6408): 1246-1249. DOI: 10.1126/science.aat7228.

Bocher, M., A. Fournier, and N. Coltice. 2018. Ensemble Kalman filter for the reconstruction of the Earth's mantle circulation. Nonlinear Processes in Geophysics 25(1): 99-123. DOI: 10.5194/npg-25-99-2018.

Boetius, A., K. Ravenschlag, C. J. Schubert, D. Rickert, F. Widdel, A. Gieseke, R. Amann, B. B. Jørgensen, U. Witte, and O. Pfannkuche. 2000. A marine microbial consortium apparently mediating anaerobic oxidation of methane. Nature 407(6804): 623-626. DOI: 10.1038/35036572.

Bottjer, D., and D. Erwin. 2010. DETELON Workshop Report: Deep Time Earth-Life Observatory. 13 pp.

Boyd, E., G. Dick, and G. Druschel. 2019. A report on the progress, future opportunities, and research needs in the field of geomicrobiology and microbial geochemistry.https://55f6114f-4af5-4823-a4ce-3bdf178f0810.filesusr.com/ugd/32b4bd_8b62881ce78b485aa732d63fbd259602.pdf (accessed May 5. 2020).

Boyle, R. A., T. W. Dahl, A. W. Dale, G. A. Shields-Zhou, M. Zhu, M. D. Brasier, D. E. Canfield, and T. M. Lenton. 2014. Stabilization of the coupled oxygen and phosphorus cycles by the evolution of bioturbation. Nature Geoscience 7(9): 671-676. DOI: 10.1038/ngeo2213.

Bozdağ, E., D. Peter, M. Lefebvre, D. Komatitsch, J. Tromp, J. Hill, N. Podhorszki, and D. Pugmire. 2016. Global adjoint tomography: First-generation model. Geophysical Journal International 207(3): 1739-1766. DOI: 10.1093/gji/ggw356.

Brantley, S. L., D. M. Eissenstat, J. A. Marshall, S. E. Godsey, Z. Balogh-Brunstad, D. L. Karwan, S. A. Papuga, J. Roering, T. E. Dawson, J. Evaristo, O. Chadwick, J. J. McDonnell, and K. C. Weathers. 2017. Reviews and syntheses: on the roles trees play in building and plumbing the critical zone. Biogeosciences 14(22): 5115-5142. DOI: 10.5194/bg-14-5115-2017.

Braun, J., X. Robert, and T. Simon-Labric. 2013. Eroding dynamic topography. Geophysical Research Letters 40(8): 1494-1499. DOI: 10.1002/grl.50310.

Burgess, S. D., J. D. Muirhead, and S. A. Bowring. 2017. Initial pulse of Siberian Traps sills as the trigger of the end-Permian mass extinction. Nature Communications 8(1): 164. DOI: 10.1038/s41467-017-00083-9.

Cardinale, B. J., J. E. Duffy, A. Gonzalez, D. U. Hooper, C. Perrings, P. Venail, A. Narwani, G. M. Mace, D. Tilman, D. A. Wardle, A. P. Kinzig, G. C. Daily, M. Loreau, J. B. Grace, A. Larigauderie, D. S. Srivastava, and S. Naheem. 2012. Biodiversity loss and its impact on humanity. Nature 486: 59-67.

Cassel, E. J., M. E. Smith, and B. R. Jicha. 2018. The impact of slab rollback on Earth's surface: Uplift and extension in the hinterland of the North American Cordillera. Geophysical Research Letters 45(20). DOI: 10.1029/2018gl079887.

Champagnac, J.-D., P. G. Valla, and F. Herman. 2014. Late-Cenozoic relief evolution under evolving climate: A review. Tectonophysics 614: 44-65. DOI: 10.1016/j.tecto.2013.11.037.

Chen, C.-W., H. Saito, and T. Oguchi. 2015. Rainfall intensity–duration conditions for mass movements in Taiwan. Progress in Earth and Planetary Science 2(1): 14. DOI: 10.1186/s40645-015-0049-2.

Clapham, M. E., and P. R. Renne. 2019. Flood basalts and mass extinctions. Annual Review of Earth and Planetary Sciences 47(1): 275-303. DOI: 10.1146/annurev-earth-053018-060136.

Cline II, C. J., U. H. Faul, E. C. David, A. J. Berry, and I. Jackson. 2018. Redox-influenced seismic properties of upper-mantle olivine. Nature 555(7696): 355-358. DOI: 10.1038/nature25764.

Cloud, P. E. 1965. Significance of the gunflint (Precambrian) microflora: Photosynthetic oxygen may have had important local effects before becoming a major atmospheric gas. Science 148(3666): 27-35. DOI: 10.1126/science.148.3666.27.

Cloud, P. E. 1968. Atmospheric and hydrospheric evolution on the primitive Earth. Both secular accretion and biological and geochemical processes have affected earth's volatile envelope. Science 160(3829): 729-736. DOI: 10.1126/science.160.3829.729.

Cohen, A. S., J. R. Stone, K. R. M. Beuning, L. E. Park, P. N. Reinthal, D. Dettman, C. A. Scholz, T. C. Johnson, J. W. King, M. R. Talbot, E. T. Brown, and S. J. Ivory. 2007. Ecological consequences of early Late Pleistocene megadroughts in tropical Africa. Proceedings of the National Academy of Sciences of the United States of America 104(42): 16422-16427. DOI: 10.1073/pnas.0703873104.

Coltice, N., L. Husson, C. Faccenna, and M. Arnould. 2019. What drives tectonic plates? Science Advances 5(10): eaax4295. DOI: 10.1126/sciadv.aax4295.

Conrad, C. P. 2015. How climate influences sea-floor topography. Science 347(6227): 1204-1205. DOI: 10.1126/science.aaa6813.

Conservation Paleobiology Workshop. 2012. Conservation Paleobiology: Opportunities for the Earth Sciences. Report of an NSF-Funded Workshop held at the Paleontological Research Institution, Ithaca, New York, June 3-5, 2011. Ithaca, NY: Paleontological Research Institution, 32 pp.

Courtillot, V., and P. Olson. 2007. Mantle plumes link magnetic superchrons to Phanerozoic mass depletion events. Earth and Planetary Science Letters 260(3): 495-504. DOI: 10.1016/j.epsl.2007.06.003.

Cox, G. M., T. W. Lyons, R. N. Mitchell, D. Hasterok, and M. Gard. 2018. Linking the rise of atmospheric oxygen to growth in the continental phosphorus inventory. Earth and Planetary Science Letters 489: 28-36. DOI: 10.1016/j.epsl.2018.02.016.

Crameri, F., C. P. Conrad, L. Montesi, and C. R. Lithgow-Bertelloni. 2019. The dynamic life of an oceanic plate. Tectonophysics 760: 107-135. DOI: 10.1016/j.tecto.2018.03.016

Crampton, J. S., S. R. Meyers, R. A. Cooper, P. M. Sadler, M. Foote, and D. Harte. 2018. Pacing of Paleozoic macroevolutionary rates by Milankovitch grand cycles. Proceedings of the National Academy of Sciences of the United States of America 115(22): 5686-5691. DOI: 10.1073/pnas.1714342115.

Crutzen, P. J. 2006. The "Anthropocene." In Earth System Science in the Anthropocene. E. Ehlers and T. Krafft, eds. Berlin, Heidelberg: Springer Berlin Heidelberg.

Cutter, S. L., A. Ismail-Zadeh, I. Alcantara-Ayala, O. Altan, D. N. Baker, S. Briceno, H. Gupta, A. Holloway, D. Johnston, G. A. McBean, Y. Ogawa, D. Paton, E. Porio, R. K. Silbereisen, K. Takeuchi, G. B. Valsecchi, C. Vogel, and G. Wu. 2015. Global risks: Pool knowledge to stem losses from disasters. Nature 522(7556): 277-279. DOI: 10.1038/522277a.

D'Hondt, S. 2005. Consequences of the Cretaceous/Paleogene mass extinction for marine ecosystems. Annual Review of Ecology, Evolution, and Systematics 36(1): 295-317. DOI: 10.1146/annurev.ecolsys.35.021103.105715.

D'Odorico, P., K. F. Davis, L. Rosa, J. A. Carr, D. Chiarelli, J. Dell'Angelo, J. Gephart, G. K. MacDonald, D. A. Seekell, S. Suweis, and M. C. Rulli. 2018. The global food-energy-water nexus. Reviews of Geophysics 56(3): 456-531. DOI: 10.1029/2017rg000591.

Dalou, C., M. M. Hirschmann, A. von der Handt, J. Mosenfelder, and L. S. Armstrong. 2017. Nitrogen and carbon fractionation during core–mantle differentiation at shallow depth. Earth and Planetary Science Letters 458: 141-151. DOI: 10.1016/j.epsl.2016.10.026.

Daniell, J., F. Wenzel, and A. Schaefer. 2016. The economic costs of natural disasters globally from 1900-2015: Historical and normalised floods, storms, earthquakes, volcanoes, bushfires, drought and other disasters. Presented at European Geosciences Union General Assembly Conference Abstracts, April 1. Vienna, Austria.

Davies, N. S., and M. R. Gibling. 2010. Cambrian to Devonian evolution of alluvial systems: The sedimentological impact of the earliest land plants. Earth-Science Reviews 98(3): 171-200. DOI: 10.1016/j.earscirev.2009.11.002.

Davis, J. L., L. H. Kellogg, J. R. Arrowsmith, B. A. Buffett, C. G. Constable, A. Donnellan, E. R. Ivins, G. S. Mattioli, S. E. Owen, M. E. Pritchard, M. E. Purucker, D. T. Sandwell, and J. Sauber. 2016. Challenges and Opportunities for Research in ESI (CORE): Report from the NASA Earth Surface and Interior (ESI). Focus Area Workshop, November 2-3, 2015. National Aeronautics and Space Administration, Arlington, VA: 88 pp.

Deeb, E. J., H. Marshall, R. R. Forster, C. E. Jones, C. A. Hiemstra, and P. R. Siqueira. 2017. Supporting NASA SnowEx remote sensing strategies and requirements for L-band interferometric snow depth and snow water equivalent estimation. Presented at 2017 Institute of Electrical and Electronics Engineers International Geoscience and Remote Sensing Symposium (IGARSS), July 23-28.

Deng, F., M. Rodgers, S. Xie, T. H. Dixon, S. Charbonnier, E. A. Gallant, C. M. López Vélez, M. Ordoñez, R. Malservisi, N. K. Voss, and J. A. Richardson. 2019. High-resolution DEM generation from spaceborne and terrestrial remote sensing data for improved volcano hazard assessment—A case study at Nevado del Ruiz, Colombia. Remote Sensing of Environment 233. DOI: 10.1016/j.rse.2019.111348.

Department of the Interior. 2018. Final List of Critical Minerals. Federal Register 23295. https://www.govinfo.gov/content/pkg/FR-2018-05-18/pdf/2018-10667.pdf (accessed May 5, 2020).

Dera, P., and D. Weidner, eds. 2016. Mineral Physics: Harnessing the Extremes: From Atoms and Bonds to Earthquakes and Plate Tectonics: 2016 Long-Range Planning Report. National Science Foundation.

Derry, L. A., A. C. Kurtz, K. Ziegler, and O. A. Chadwick. 2005. Biological control of terrestrial silica cycling and export fluxes to watersheds. Nature 433(7027): 728-731. DOI: 10.1038/nature03299.

Deuss, A., J. C. E. Irving, and J. H. Woodhouse. 2010. Regional variation of inner core anisotropy from seismic normal mode observations. Science 328(5981): 1018-1020. DOI: 10.1126/science.1188596.

Dirscherl, M., A. J. Dietz, S. Dech, and C. Kuenzer. 2020. Remote sensing of ice motion in Antarctica—A Review. Remote Sensing of Environment 237. DOI: 10.1016/j.rse.2019.111595.

Drake, T. W., K. P. Wickland, R. G. M. Spencer, D. M. McKnight, and R. G. Striegl. 2015. Ancient low-molecular-weight organic acids in permafrost fuel rapid carbon dioxide production upon thaw. Proceedings of the National Academy of Sciences of the United States of America 112(45): 13946-13951. DOI: 10.1073/pnas.1511705112.

Dwivedi, D., B. Arora, C. I. Steefel, B. Dafflon, and R. Versteeg. 2018. Hot spots and hot moments of nitrogen in a riparian corridor. Water Resources Research 54(1): 205-222. DOI: 10.1002/2017wr 022346.

Ehrlich, H. L. 1997. Microbes and metals. Applied Microbiology and Biotechnology 48(6): 687-692. DOI: 10.1007/s002530051116.

Ellsworth, W. L. 2013. Injection-induced earthquakes. Science 341(6142): 1225942. DOI: 10.1126/science.1225942.

Elsasser, W. M. 1946. Induction effects in terrestrial magnetism part I. Theory. Physical Review 69(3-4): 106-116. DOI: 10.1103/PhysRev.69.106.

Evans, K. A., S. M. Reddy, A. G. Tomkins, R. J. Crossley, and B. R. Frost. 2017. Effects of geodynamic setting on the redox state of fluids released by subducted mantle lithosphere. Lithos 278-281: 26-42. DOI: 10.1016/j.lithos.2016.12.023.

Evans, S. G., and S. Ge. 2017. Contrasting hydrogeologic responses to warming in permafrost and seasonally frozen ground hillslopes. Geophysical Research Letters 44: 1803-1813. DOI: 10.1002/2016GL072009.

Fan, Y., M. Clark, D. M. Lawrence, S. Swenson, L. E. Band, S. L. Brantley, P. D. Brooks, W. E. Dietrich, A. Flores, G. Grant, J. W. Kirchner, D. S. Mackay, J. J. McDonnell, P. C. D. Milly, P. L. Sullivan, C. Tague, H. Ajami, N. Chaney, A. Hartmann, P. Hazenberg, J. McNamara, J. Pelletier, J. Perket, E. Rouholahnejad - Freund, T. Wagener, X. Zeng, E. Beighley, J. Buzan, M. Huang, B. Livneh, B. P. Mohanty, B. Nijssen, M. Safeeq, C. Shen, W. Verseveld, J. Volk, and D. Yamazaki. 2019. Hillslope hydrology in global change research and Earth system modeling. Water Resources Research 55(2): 1737-1772. DOI: 10.1029/2018wr023903.

Farhadi, S., M. R. Nikoo, G. R. Rakhshandehroo, M. Akhbari, and M. R. Alizadeh. 2016. An agent-based-Nash modeling framework for sustainable groundwater management: A case study. Agricultural Water Management 177: 348-358. DOI: 10.1016/j.agwat.2016.08.018.

Farley, S. S., A. Dawson, S. J. Goring, and J. W. Williams. 2018. Situating ecology as a big data science: Current advances, challenges, and solutions. Bioscience 68: 563-576.

Farnsworth, A., D. J. Lunt, S. A. Robinson, P. J. Valdes, W. H. G. Roberts, P. D. Clift, P. Markwick, T. Su, N. Wrobel, F. Bragg, S.-J. Kelland, and R. D. Pancost. 2019. Past East Asian monsoon evolution controlled by paleogeography, not CO2. Science Advances 5(10): eaax1697. DOI: 10.1126/sciadv.aax1697.

Farquhar, J., and M. Jackson. 2016. Missing Archean sulfur returned from the mantle. Proceedings of the National Academy of Sciences of the United States of America 113(46): 12893-12895. DOI: 10.1073/pnas.1616346113.

Farquhar, J., H. Bao, and M. Thiemens. 2000. Atmospheric influence of Earth's earliest sulfur cycle. Science 289(5480): 756-758. DOI: 10.1126/science.289.5480.756.

Flament, N. 2014. Linking plate tectonics and mantle flow to Earth's topography. Geology 42(10): 927–928. DOI: 10.1130/focus102014.1.

Fremier, A. K., B. J. Yanites, and E. M. Yager. 2018. Sex that moves mountains: The influence of spawning fish on river profiles over geologic timescales. Geomorphology 305: 163-172. DOI: 10.1016/j.geomorph.2017.09.033.

Garzione, C. N., N. McQuarrie, N. D. Perez, T. A. Ehlers, S. L. Beck, N. Kar, N. Eichelberger, A. D. Chapman, K. M. Ward, M. N. Ducea, R. O. Lease, C. J. Poulsen, L. S. Wagner, J. E. Saylor, G. Zandt, and B. K. Horton. 2017. Tectonic evolution of the Central Andean Plateau and implications for the growth of plateaus. Annual Review of Earth and Planetary Sciences 45(1): 529-559. DOI: 10.1146/annurev-earth-063016-020612.

Gibson, T. M., P. M. Shih, V. M. Cumming, W. W. Fischer, P. W. Crockford, M. S. W. Hodgskiss, S. Worndle, R. A. Creaser. R. H. Rainbird, T. Skulski, and G. P. Halverson. 2017. Precise age of Bangiomorpha pubescens dates the origin of eukaryotic photosynthesis. Geology 46(2): 135-138. DOI: 10.1130/G39829.1.

Givens, J. E., J. Padowski, C. D. Guzman, K. Malek, R. Witinok-Huber, B. Cosens, M. Briscoe, J. Boll, and J. Adam. 2018. Incorporating social system dynamics in the Columbia River Basin: Food-energy-water resilience and sustainability modeling in the Yakima River Basin. Frontiers in Environmental Science 6(104). DOI: 10.3389/fenvs.2018.00104.

Greff-Lefftz, M., and J. Besse. 2014. Sensitivity experiments on True Polar Wander. Geochemistry, Geophysics, Geosystems 15(12): 4599-4616. DOI: 10.1002/2014gc005504.

Grigoli, F., S. Cesca, E. Priolo, A. P. Rinaldi, J. F. Clinton, T. A. Stabile, B. Dost, M. G. Fernandez, S. Wiemer, and T. Dahm. 2017. Current challenges in monitoring, discrimination, and management of induced seismicity related to underground industrial activities: A European perspective. Reviews of Geophysics 55(2): 310-340. DOI: 10.1002/2016rg000542.

Gubbins, D., B. Sreenivasan, J. Mound, and S. Rost. 2011. Melting of the Earth's inner core. Nature 473(7347): 361-363. DOI: 10.1038/nature10068.

Guglielmi, Y., F. Cappa, J.-P. Avouac, P. Henry, and D. Elsworth. 2015. Seismicity triggered by fluid injection–induced aseismic slip. Science 348(6240): 1224-1226. DOI: 10.1126/science.aab0476.

Gulick, S. P. S., T. J. Bralower, J. Ormö, B. Hall, K. Grice, B. Schaefer, S. Lyons, K. H. Freeman, J. V. Morgan, N. Artemieva, P. Kaskes, S. J. de Graaff, M. T. Whalen, G. S. Collins, S. M. Tikoo, C. Verhagen, G. L. Christeson, P. Claeys, M. J. L. Coolen, S. Goderis, K. Goto, R. A. F. Grieve, N. McCall, G. R. Osinski, A. S. P. Rae, U. Riller, J. Smit, V. Vajda, and A. Wittmann. 2019. The first day of the Cenozoic. Proceedings of the National Academy of Sciences of the United States of America 116(39): 19342-19351. DOI: 10.1073/pnas.1909479116.

Gumsley, A. P., K. R. Chamberlain, W. Bleeker, U. Soderlund, M. O. de Kock, E. R. Larsson, and A. Bekker. 2017. Timing and tempo of the Great Oxidation Event. Proceedings of the National Academy of Sciences of the United States of America 114(8): 1811-1816. DOI: 10.1073/pnas.1608824114.

Hamling, I. J., S. Hreinsdóttir, K. Clark, J. Elliott, C. Liang, E. Fielding, N. Litchfield, P. Villamor, L. Wallace, T. J. Wright, E. D'Anastasio, S. Bannister, D. Burbidge, P. Denys, P. Gentle, J. Howarth, C. Mueller, N. Palmer, C. Pearson, W. Power, P. Barnes, D. J. A. Barrell, R. Van Dissen, R. Langridge, T. Little, A. Nicol, J. Pettinga, J. Rowland, and M. Stirling. 2017. Complex multifault rupture during the 2016 Mw 7.8 Kaikōura earthquake, New Zealand. Science 356(6334): eaam7194. DOI: 10.1126/science.aam7194.

Hanyu, T., K. Shimizu, T. Ushikubo, J. I. Kimura, Q. Chang, M. Hamada, M. Ito, H. Iwamori, and T. Ishikawa. 2019. Tiny droplets of ocean island basalts unveil Earth's deep chlorine cycle. Nature Communications 10(1): 60. DOI: 10.1038/s41467-018-07955-8.

Harman, B. P., B. M. Taylor, and M. B. Lane. 2015. Urban partnerships and climate adaptation: Challenges and opportunities. Current Opinion in Environmental Sustainability. 12: 74-79. DOI: 10.1016/j.cosust.2014.11.001.

Harman, C. J., and C. L. Cosans. 2019. A low-dimensional model of bedrock weathering and lateral flow coevolution of hillslopes: 2. Controls on weathering and permeability profiles, drainage hydraulics, and solute export pathways. Hydrologic Processes 33: 1168-1190. DOI: 10.1002/hyp.13385.

Harrison, T. M., S. L. Baldwin, M. Caffee, G. E. Gehrels, B. Schoene, D. L. Shuster, and B. S. Singer. 2015. It's About Time: Opportunities and Challenges for U.S. Geochronology. University of

California, Los Angeles, 56 pp.

Harrison, T. M., E. A. Bell, and P. Boehnke. 2017. Hadean zircon petrochronology. Reviews in Mineralogy and Geochemistry 83(1): 329-363. DOI: 10.2138/rmg.2017.83.11.

Hawkesworth, C. J., and M. Brown. 2018. Earth dynamics and the development of plate tectonics. Philosophical Transactions of the Royal Society A: Mathematical, Physical and Engineering Sciences 376(2132): 20180228. DOI: 10.1098/rsta.2018.0228.

Hawkesworth, C. J., P. A. Cawood, B. Dhuime, and T. I. S. Kemp. 2017. Earth's continental lithosphere through time. Annual Review of Earth and Planetary Sciences 45(1): 169-198. DOI: 10.1146/annurev-earth-063016-020525.

Hayes, J. L., C. S. Riebe, W. S. Holbrook, B. A. Flinchum, and P. C. Hartsough. 2019. Porosity production in weathered rock: Where volumetric strain dominates over chemical mass loss. Science Advances 5: eaao0834.

Hazen, R. M., R. T. Downs, A. Eleish, P. Fox, O. C. Gagné, J. J. Golden, E. S. Grew, D. R. Hummer, G. Hystad, S. V. Krivovichev, C. Li, C. Liu, X. Ma, S. M. Morrison, F. Pan, A. J. Pires, A. Prabhu, J. Ralph, S. E. Runyon, and H. Zhong. 2019. Data-driven discovery in mineralogy: Recent advances in data resources, analysis, and visualization. Engineering 5(3): 397-405. DOI: 10.1016/j.eng.2019.03.006.

Heller, P. L., and L. Liu. 2016. Dynamic topography and vertical motion of the U.S. Rocky Mountain region prior to and during the Laramide orogeny. Geological Society of America Bulletin 128(5-6): 973-988. DOI: 10.1130/b31431.1.

Hirschmann, M. M. 2016. Constraints on the early delivery and fractionation of Earth's major volatiles from C/H, C/N, and C/S ratios. American Mineralogist 101(3): 540-553. DOI: 10.2138/am-2016-5452.

Hodges, K. V. 2014. Thermochronology in orogenic systems, pp. 281–308 in Treatise on Geochemistry, Second Edition, Volume 4, H. D. Holland and K. K. Turekian, eds. Oxford, UK: Elsevier.

Holbrook, W. S., C. S. Riebe, M. Elwaseif, J. L. Hayes, K. Basler-Reeder, D. L. Harry, A. Malazian, A. Dosseto, P. C. Hartsough, and J. W. Hopmans. 2014. Geophysical constraints on deep weathering and water storage potential in the Southern Sierra Critical Zone Observatory. Earth Surface Processes and Landforms 39(3): 366-380. DOI: 10.1002/esp.3502.

Holder, R. M., D. R. Viete, M. Brown, and T. E. Johnson. 2019. Metamorphism and the evolution of plate tectonics. Nature 572(7769): 378-381. DOI: 10.1038/s41586-019-1462-2.

Holland, H. D. 2002. Volcanic gases, black smokers, and the great oxidation event. Geochimica et Cosmochimica Acta 66(21): 3811–3826. DOI: 10.1016/S0016-7037(02)00950-X.

Huntington, K. W., and K. A. Klepeis (with 66 community contributors). 2018. Challenges and opportunities for research in tectonics: Understanding deformation and the processes that link Earth systems, from geologic time to human time. A community vision document submitted to the U.S. National Science Foundation. University of Washington, 84 pp.

IPCC (Intergovernmental Panel on Climate Change). 2019. IPCC Special Report on the Ocean and Cryosphere in a Changing Climate. Geneva, Switzerland: Intergovernmental Panel on Climate Change.

Isbell, F., A. Gonzalez, M. Loreau, J. Cowles, S. Diaz, A. Hector, G. M. Mace, D. A. Wardle, M. I. O'Connor, J. E. Duffy, L. A. Turnbull, P. L. Thompson and A. Larigauderie. 2017. Linking the influence and dependence of people on biodiversity across scales. Nature 546: 65-72.

Jaiswal, K., D. Bausch, J. Rozelle, J. Holub, and S. McGowan. 2017. Hazus® estimated annualized earthquake losses for the United States. Federal Emergency Management Agency, United States

Geologic Survey, Pacific Disaster Center, 78 pp.

James, M. R., and S. Robson. 2012. Straightforward reconstruction of 3D surfaces and topography with a camera: Accuracy and geoscience application. Journal of Geophysical Research: Earth Surface 117(F3): 2156-2202. DOI: 10.1029/2011jf002289.

Joel, L. 2019. Tinkering with tectonics. EOS: Earth & Space Science News. 100. DOI: 10.1029/2019EO131815.

Johnson, T. C., C. A. Scholz, M. R. Talbot, K. Kelts, R. D. Ricketts, G. Ngobi, K. Beuning, I. Ssemmanda, and J. W. McGill. 1996. Late Pleistocene desiccation of Lake Victoria and rapid evolution of cichlid fishes. Science 273(5278): 1091-1093. DOI: 10.1126/science.273.5278.1091.

Johnson, Z. I., E. R. Zinser, A. Coe, N. P. McNulty, E. M. Woodward, and S. W. Chisholm. 2006. Niche partitioning among Prochlorococcus ecotypes along ocean-scale environmental gradients. Science 311(5768): 1737-1740. DOI: 10.1126/science.1118052.

Johnston, E. R., J. K. Hatt, Z. He, L. Wu, X. Guo, Y. Luo, E. A. G. Schuur, J. M. Tiedje, J. Zhou, and K. T. Konstantinidis. 2019. Responses of tundra soil microbial communities to half a decade of experimental warming at two critical depths. Proceedings of the National Academy of Sciences of the United States of America 116(30): 15096-15105. DOI: 10.1073/pnas.1901307116.

Karner, M. B., E. F. DeLong, and D. M. Karl. 2001. Archaeal dominance in the mesopelagic zone of the Pacific Ocean. Nature 409(6819): 507-510. DOI: 10.1038/35054051.

King, R. O. 2005. Hurricane Katrina: Insurance Losses and National Capacities for Financing Disaster Risk. Washington, DC: Library of Congress. Congressional Research Service.

Kirschbaum, D., and T. Stanley. 2018. Satellite-based assessment of rainfall-triggered landslide hazard for situational awareness. Earths Future 6(3): 505-523. DOI: 10.1002/2017EF000715.

Klenk, N. L., K. Meehan, S. L. Pinel, F. Mendez, P. Torres Lima, and D. M. Kammen. 2015. Stakeholders in climate science: Beyond lip service? Science 350(6262): 743-744. DOI: 10.1126/science.aab1495.

Koch, F., P. Henkel, F. Appel, L. Schmid, H. Bach, M. Lamm, M. Prasch, J. Schweizer, and W. Mauser. 2019. Retrieval of snow water equivalent, liquid water content, and snow height of dry and wet snow by combining GPS signal attenuation and time delay. Water Resources Research 55(5): 4465-4487. DOI: 10.1029/2018wr024431.

Kohn, M. J., M. Engi, and P. Lanari. 2017. Volume 83: Petrochronology: Methods and Applications. Chantilly, VA: The Mineralogical Society of America. 575 pp.

Korte, M., and M. Mandea. 2019. Geomagnetism: From Alexander von Humboldt to current challenges. Geochemistry, Geophysics, Geosystems 20(8): 3801-3820. DOI: 10.1029/2019gc008324.

Kozdon, J. E., and E. M. Dunham. 2013. Rupture to the trench: Dynamic rupture simulations of the 11 March 2011 Tohoku earthquake. Bulletin of the Seismological Society of America 103(2B): 1275-1289. DOI: 10.1785/0120120136.

Kraus, R. G., S. T. Stewart, D. C. Swift, C. A. Bolme, R. F. Smith, S. Hamel, B. D. Hammel, D. K. Spaulding, D. G. Hicks, J. H. Eggert, and G. W. Collins. 2012. Shock vaporization of silica and the thermodynamics of planetary impact events. Journal of Geophysical Research: Planets 117(E9). DOI: 10.1029/2012je004082.

Labrosse, S., J.-P. Poirier, and J.-L. Le Mouël. 2001. The age of the inner core. Earth and Planetary Science Letters 190(3): 111-123. DOI: 10.1016/S0012-821X(01)00387-9.

Landeau, M., J. Aubert, and P. Olson. 2017. The signature of inner-core nucleation on the geodynamo. Earth and Planetary Science Letters 465: 193-204. DOI: 10.1016/j.epsl.2017.02.004.

Larson, K. M., E. E. Small, E. D. Gutmann, A. L. Bilich, J. J. Braun, and V. U. Zavorotny. 2008. Use of GPS receivers as a soil moisture network for water cycle studies. Geophysical Research Letters 35(24).

Lee, C.-T. A., J. Caves, H. Jiang, W. Cao, A. Lenardic, N. R. McKenzie, O. Shorttle, Q.-z. Yin, and B. Dyer. 2017. Deep mantle roots and continental emergence: Implications for whole-Earth elemental cycling, long-term climate, and the Cambrian explosion. International Geology Review 60(4): 431-448. DOI: 10.1080/00206814.2017.1340853.

Lesmes, D. P., T. D. Scheibe, E. Foufoula-Georgiou, H. L. Jenter, T. Torgersen, R. Vallario, and J. Moerman. 2019. Integrated Hydro-Terrestrial Modeling: Opportunities and Challenges for Advancing a National Capability for the U.S. Presented at AGU Fall Meeting 2019, San Francisco, CA, December 9–13.

Li, J., S. A. T. Redfern, and D. Giovannelli. 2019a. Introduction: Deep carbon cycle through five reactions. American Mineralogist 104(4): 465-467. DOI: 10.2138/am-2019-6833.

Li, K., L. Li, D. G. Pearson, and T. Stachel. 2019b. Diamond isotope compositions indicate altered igneous oceanic crust dominates deep carbon recycling. Earth and Planetary Science Letters 516: 190-201. DOI: 10.1016/j.epsl.2019.03.041.

Li, L. 2019. Watershed reactive transport. Reviews in Mineralogy and Geochemistry 85: 381-418. DOI: 10.2138/rmg.2018.85.13.

Li, L., K. Maher, A. Navarre-Sitchler, J. Druhan, C. Meile, C. Lawrence, J. Moore, J. Perdrial, P. Sullivan, A. Thompson, L. Jin, E. Bolton, S.L. Brantley, W. E. Dietrich, K.U. Mayer, C. I. Steefel, A. Valocchi, J. Zachara, and J. Beisman. 2017. Expanding the role of reactive transport models in critical zone processes. Earth-Science Reviews 165: 280-301.

Liljedahl, A. K., A. Gädeke, S. O'Neel, T. A. Gatesman, and T. A. Douglas. 2017. Glacierized headwater streams as aquifer recharge corridors, subarctic Alaska. Geophysical Research Letters 44(13): 6876-6885. DOI: 10.1002/2017gl073834.

Lock, S. J., S. T. Stewart, M. I. Petaev, Z. Leinhardt, M. T. Mace, S. B. Jacobsen, and M. Cuk. 2018. The origin of the moon within a terrestrial synestia. Journal of Geophysical Research: Planets 123(4): 910-951. DOI: 10.1002/2017je005333.

Loewen, M. W., D. W. Graham, I. N. Bindeman, J. E. Lupton, and M. O. Garcia. 2019. Hydrogen isotopes in high 3He/4He submarine basalts: Primordial vs. recycled water and the veil of mantle enrichment. Earth and Planetary Science Letters 508: 62-73. DOI: 10.1016/j.epsl.2018.12.012.

Luo, G., S. Ono, N. J. Beukes, D. T. Wang, S. Xie, and R. E. Summons. 2016. Rapid oxygenation of Earth's atmosphere 2.33 billion years ago. Sciences Advances 2(5): e1600134. DOI: 10.1126/sciadv.1600134.

Lyons, T. W., C. T. Reinhard, and N. J. Planavsky. 2014. The rise of oxygen in Earth's early ocean and atmosphere. Nature 506(7488): 307-315. DOI: 10.1038/nature13068.

Magnabosco, C., K. R. Moore, J. M. Wolfe, and G. P. Fournier. 2018. Dating phototrophic microbial lineages with reticulate gene histories. Geobiology 16(2): 179-189. https://doi.org/10.1111/gbi.12273.

Maguire, K. C., D. Nieto-Lugilde, M. C. Fitzpatrick, J. W. Williams, and J. L. Blois. 2015. Modeling species and community responses to past, present, and future episodes of climatic and ecological change. Annual Review of Ecology, Evolution, and Systematics 46(1): 343-368. DOI: 10.1146/annurev-ecolsys-112414-054441.

Manga, M., and E. Brodsky. 2006. Seismic triggering of eruptions in the far field: volcanoes and geysers. Annual Review of Earth and Planetary Sciences 34(1): 263-291. DOI: 10.1146/annurev.earth.34.031405.125125.

Matinpour, H., S. Haber, R. H. Fetell, P. Arratia, D. J. Jerolmack, and T. Dunne. 2019. Understanding debris flow initiation by examining the granular origins of complex rheology: An example from the 2018 Montecito mudslides. Presented at AGU Fall Meeting 2019, San Francisco, CA, December 9-13.

McCreight, J. L., E. E. Small, and K. M. Larson. 2014. Snow depth, density, and SWE estimates derived from GPS reflection data: Validation in the western US. Water Resources Research 50 (8): 6892-6909.

McGowen, M. R., J. Gatesy, and D. E. Wildman. 2014. Molecular evolution tracks macroevolutionary transitions in Cetacea. Trends in Ecology & Evolution 29(6): 336-346. DOI: 10.1016/j.tree. 2014.04.001.

McGuire, J. J., T. Plank, S. Barrientos, T. Becker, E. Brodsky, E. Cottrell, M. French, P. Fulton, J. Gomberg, S. Gulick, M. Haney, D. Melgar, S. Penniston-Dorland, D. Roman, P. Skemer, H. Tobin, I. Wada, and D. Wiens. 2017. The SZ4D Initiative: Understanding the Processes that Underlie Subduction Zone Hazards in 4D. Vision Document Submitted to the National Science Foundation. The IRIS Consortium, Washington, D.C.

Meyer, N. A., M. D. Wenz, J. P. S. Walsh, S. D. Jacobsen, A. J. Locock, and J. W. Harris. 2019. Goldschmidtite, (K, REE, Sr)(Nb, Cr)O3: A new perovskite supergroup mineral found in diamond from Koffiefontein, South Africa. American Mineralogist 104: 1345-1350. DOI: https://doi.org/10.2138/am-2019-6937.

Millot, M., F. Coppari, J. R. Rygg, A. Correa Barrios, S. Hamel, D. C. Swift, and J. H. Eggert. 2019. Nanosecond X-ray diffraction of shock-compressed superionic water ice. Nature 569(7755): 251-255. DOI: 10.1038/s41586-019-1114-6.

Moore, K. M., R. K. Yadav, L. Kulowski, H. Cao, J. Bloxham, J. E. P. Connerney, S. Kotsiaros, J. L. Jørgensen, J. M. G. Merayo, D. J. Stevenson, S. J. Bolton, and S. M. Levin. 2018. A complex dynamo inferred from the hemispheric dichotomy of Jupiter's magnetic field. Nature 561(7721): 76-78. DOI: 10.1038/s41586-018-0468-5.

Mundl-Petermeier, A., M. Touboul, M. G. Jackson, J. Day, M. Kruz, V. Lekic, R. T. Helz, and R. J. Walker. 2017. Tungsten-182 heterogeneity in modern ocean island basalts. Science 356(6333): 66-69. DOI: 10.1126/science.aal4179.

NASEM (National Academies of Sciences, Engineering, and Medicine). 2017. Volcanic Eruptions and Their Repose, Unrest, Precursors, and Timing. Washington, DC: The National Academies Press. https://doi.org/10.17226/24650.

NASEM. 2018. Thriving on Our Changing Planet: A Decadal Strategy for Earth Observation from Space. Washington, DC: The National Academies Press. https://doi.org/10.17226/24938.

Neal, C. A., S. R. Brantley, L. Antolik, J. L. Babb, M. Burgess, M. Cappos, J. C. Chang, S. Conway, L. Desmither, P. Dotray, T. Elias, P. Fukunaga, S. Fuke, I. A. Johanson, K. Kamibayashi, J. Kauahikaua, R. L. Lee, S. Pekalib, A. Miklius, W. Million, C. J. Moniz, P. A. Nadeau, P. Okubo, C. Parcheta, M. R. Patrick, B. Shiro, D. A. Swanson, W. Tollett, F. Trusdell, E. F. Younger, M. H. Zoeller, E. K. Montgomery-Brown, K. R. Anderson, M. P. Poland, J. L. Ball, J. Bard, M. Coombs, H. R. Dietterich, C. Kern, W. A. Thelen, P. F. Cervelli, T. Orr, B. F. Houghton, C. Gansecki, R. Hazlett, P. Lundgren, A. K. Diefenbach, A. H. Lerner, G. Waite, P. Kelly, L. Clor, C. Werner, K. Mulliken, G. Fisher, and D. Damby. 2019. The 2018 rift eruption and summit collapse of Kīlauea Volcano. Science 363(6425): 367-374. DOI: 10.1126/science. aav7046.

Nesme, J., W. Achouak, S. N. Agathos, M. Bailey, P. Baldrian, D. Brunel, A. Frostegard, T. Heulin, J. K. Jansson, E. Jurkevitch, K. L. Kruus, G. A. Kowalchuk, A. Lagares, H. M. Lappin-Scott, P.

Lemanceau, D. Le Paslier, I. Mandic-Mulec, J. C. Murrell, D. D. Myrold, R. Nalin, P. Nannipieri, J. D. Neufeld, F. O'Gara, J. J. Parnell, A. Puhler, V. Pylro, J. L. Ramos, L. F. Roesch, M. Schloter, C. Schleper, A. Sczyrba, A. Sessitsch, S. Sjoling, J. Sorensen, S. J. Sorensen, C. C. Tebbe, E. Topp, G. Tsiamis, J. D. van Elsas, G. van Keulen, F. Widmer, M. Wagner, T. Zhang, X. Zhang, L.Zhao, Y. G. Zhu, T. M. Vogel, and P. Simonet. 2016. Back to the future of soil metagenomics. Frontiers in Microbiology 7: 73. DOI: 10.3389/fmicb.2016.00073.

Nienhuis, J. H., A. D. Ashton, D. A. Edmonds, A. J. F. Hoitink, A. J. Kettner, J. C. Rowland, and T. E. Törnqvist. 2020.Global-scale human impact on delta morphology has led to net land area gain. Nature 577. DOI: 10.1038/s41586-019-1905-9.

NOAA (National Oceanic and Atmospheric Administration). 2018. Costliest U.S. tropical cyclones tables updated. Miami, FL. Update to NOAA Technical Memorandum NWS NHC-6.

NRC (National Research Council). 2001. Basic Research Opportunities in Earth Science. Washington, DC: National Academy Press. https://doi.org/10.17226/9981.

NRC. 2008. Origin and Evolution of Earth: Research Questions for a Changing Planet. Washington, DC: The National Academies Press. https://doi.org/10.17226/12161.

NRC. 2011. Understanding Earth's Deep Past: Lessons for Our Climate Future. Washington, DC: The National Academies Press. https://doi.org/10.17226/13111.

NRC. 2012. New Research Opportunities in the Earth Sciences. Washington, DC: The National Academies Press. https://doi.org/10.17226/13236.

NRC. 2015. Sea Change: 2015-2025 Decadal Survey of Ocean Sciences. Washington, DC: The National Academies Press. https://doi.org/10.17226/21655.

O'Rourke, J. G., J. Korenaga, and D. J. Stevenson. 2017. Thermal evolution of Earth with magnesium precipitation in the core. Earth and Planetary Science Letters 458: 263-272. DOI: 10.1016/j.epsl.2016.10.057.

Orcutt, B. N., I. Daniel, and R. Dasgupta, eds. 2019. Deep Carbon. Cambridge, UK: Cambridge University Press.

Orphan, V. J., C. H. House, K.-U. Hinrichs, K. D. McKeegan, and E. F. DeLong. 2001. Methane-consuming archaea revealed by directly coupled isotopic and phylogenetic analysis. Science 293(5529): 484-487. DOI: 10.1126/science.1061338.

Passey, B. H., and G. A. Henkes. 2012. Carbonate clumped isotope bond reordering and geospeedometry. Earth and Planetary Science Letters 351-352: 223-236.

Pearson, D. G., F. E. Brenker, F. Nestola, J. McNeill, L. Nasdala, M. T. Hutchison, S. Matveev, K. Mather, G. Silversmit, S. Schmitz, B. Vekemans, and L. Vincze. 2014. Hydrous mantle transition zone indicated by ringwoodite included within diamond. Nature 507(7491): 221-224. DOI: 10.1038/nature13080.

Pec, M., B. K. Holtzman, M. E. Zimmerman, and D. L. Kohlstedt. 2017. Reaction infiltration instabilities in mantle rocks: An experimental investigation. Journal of Petrology 58(5): 979-1003. DOI: 10.1093/petrology/egx043.

Peters, S. E., C. Zhang, M. Livny, and C. Ré. 2014. A machine reading system for assembling synthetic paleontological databases. PLOS ONE 9(12): e113523. DOI: 10.1371/journal.pone.0113523.

Plaza, C., E. Pegoraro, R. Bracho, G. Celis, K. G. Crummer, J. A. Hutchings, C. E. Hicks Pries, M. Mauritz, S. M. Natali, V. G. Salmon, C. Schädel, E. E. Webb, and E. A. G. Schuur. 2019. Direct observation of permafrost degradation and rapid soil carbon loss in tundra. Nature Geoscience 12(8): 627-631. DOI: 10.1038/s41561-019-0387-6.

Pozzo, M., C. Davies, D. Gubbins, and D. Alfè. 2012. Thermal and electrical conductivity of iron at

Earth's core conditions. Nature 485(7398): 355-358. DOI: 10.1038/nature11031.

Quirk, J., D. J. Beerling, S. A. Banwart, G. Kakonyi, M. E. Romero-Gonzalez, and J. R. Leake. 2012. Evolution of trees and mycorrhizal fungi intensifies silicate mineral weathering. Biology Letters 8(6): 1006-1011. DOI: 10.1098/rsbl.2012.0503.

Rampino, M. R., and S. Self. 2015. Chapter 61 - Large Igneous Provinces and Biotic Extinctions. In The Encyclopedia of Volcanoes (Second Edition). H. Sigurdsson, ed. Amsterdam: Academic Press.

Rawson, H., D. M. Pyle, T. A. Mather, V. C. Smith, K. Fontijn, S. M. Lachowycz, and J. A. Naranjo. 2016. The magmatic and eruptive response of arc volcanoes to deglaciation: Insights from southern Chile. Geology 44(4): 251-254. DOI: 10.1130/g37504.1.

Rempe, D. M., and W. E. Dietrich. 2018. Direct observations of rock moisture, a hidden component of the hydrologic cycle. Proceedings of the National Academy of Sciences of the United States of America 115(11): 2664-2669. DOI: 10.1073/pnas.1800141115.

Richardson, D., H. Felgate, N. Watmough, A. Thomson, and E. Baggs. 2009. Mitigating release of the potent greenhouse gas N2O from the nitrogen cycle—Could enzymic regulation hold the key? Trends in Biotechnology 27(7): 388-397. DOI: 10.1016/j.tibtech.2009.03.009.

Richardson, J. B. 2017. Critical zone. In Encyclopedia of Geochemistry: A Comprehensive Reference Source on the Chemistry of the Earth. W. M. White, ed. Cham: Springer International Publishing.

Riebe, C. S., W. J. Hahm, and S. L. Brantley. 2017. Controls on deep critical zone architecture: A historical review and four testable hypotheses. Earth Surface Processes and Landforms 42(1): 128-156. DOI: 10.1002/esp.4052.

Rizo, H., D. Andrault, N. R. Bennett, M. Humayun, A. Brandon, I. Vlastelic, B. Moine, A. Poirier, M. A. Bouhifd, and D. T. Murphy. 2019. 182W evidence for core-mantle interaction in the source of mantle plumes. Geochemical Perspectives Letters 11: 6-11. DOI: 10.7185/geochemlet.1917.

Roering, J. J., B. H. Mackey, J. A. Marshall, K. E. Sweeney, N. I. Deligne, A. M. Booth, A. L. Handwerger, and C. Cerovski-Darriau. 2013. "You are HERE": Connecting the dots with airborne lidar for geomorphic fieldwork. Geomorphology 200: 172-183. DOI: 10.1016/j. geomorph.2013.04.009.

Rothman, D. H. 2019. Characteristic disruptions of an excitable carbon cycle. Proceedings of the National Academy of Sciences of the United States of America 116(30): 14813-14822. DOI: 10.1073/pnas.1905164116.

Rothman, D. H., G. P. Fournier, K. L. French, E. J. Alm, E. A. Boyle, C. Cao, and R. E. Summons. 2014. Methanogenic burst in the end-Permian carbon cycle. Proceedings of the National Academy of Sciences of the United States of America 111(15): 5462-5467. DOI: 10.1073/pnas. 1318106111.

Rowe, C. D., and W. A. Griffith. 2015. Do faults preserve a record of seismic slip: A second opinion. Journal of Structural Geology 78: 1–26. DOI: 10.1016/j.jsg.2015.06.006.

Rubatto, D. 2002. Zircon trace element geochemistry: Partitioning with garnet and the link between U–Pb ages and metamorphism. Chemical Geology 184(1): 123-138. DOI: 10.1016/S0009-2541(01)00355-2.

Saito, T., Y. Ito, D. Inazu, and R. Hino. 2011. Tsunami source of the 2011 Tohoku-oki earthquake, Japan: Inversion analysis based on dispersive tsunami simulations. Geophysical Research Letters 38(7): L00G19. DOI: 10.1029/2011gl049089.

Sakuma, S., T. Kajiwara, S. Nakada, K. Uto, and H. Shimizu, H. 2008. Drilling and logging results of USDP-4—Penetration into the volcanic conduit of Unzen Volcano, Japan. Journal of

Volcanology and Geothermal Research 175(1-2): 1-12.

Sánchez-Baracaldo, P., J. A. Raven, D. Pisani, and A. H. Knoll. 2017. Early photosynthetic eukaryotes inhabited lowsalinity habitats. Proceedings of the National Academy of Sciences of the United States of America 114(37): E7737-E7745. DOI: 10.1073/PNAS.1620089114.

Sanloup, C., J. W. E. Drewitt, Z. Konôpková, P. Dalladay-Simpson, D. M. Morton, N. Rai, W. van Westrenen, and W. Morgenroth. 2013. Structural change in molten basalt at deep mantle conditions. Nature 503(7474): 104-107. DOI: 10.1038/nature12668.

Santos, M. G. M., N. P. Mountney, and J. Peakall. 2016. Tectonic and environmental controls on Palaeozoic fluvial environments: Reassessing the impacts of early land plants on sedimentation. Journal of the Geological Society 174(3): 393-404. DOI: 10.1144/jgs2016-063.

Sarojini, B. B., P. A. Stott, and E. Black. 2016. Detection and attribution of human influence on regional precipitation. Nature Climate Change 6(7): 669-675. DOI: 10.1038/nclimate2976.

Savage, H. M., J. D. Kirkpatrick, J. J. Mori, E. E. Brodsky, W. L. Ellsworth, B. M. Carpenter, X. Chen, F. Cappa, and Y. Kano. 2017. Scientific Exploration of Induced SeisMicity and Stress (SEISMS). Scientific Drilling 23: 57-63. DOI: 10.5194/sd-23-57-2017.

Scanlon, B. R., Z. Zhang, H. Save, A. Y. Sun, H. Müller Schmied, L. P. H. van Beek, D. N. Wiese, Y. Wada, D. Long, R. C. Reedy, L. Longuevergne, P. Döll, and M. F. P. Bierkens. 2018. Global models underestimate large decadal declining and rising water storage trends relative to GRACE satellite data. Proceedings of the National Academy of Sciences of the United States of America 115(6): E1080-E1089. DOI: 10.1073/pnas.1704665115.

Schachtman, N. S., J. J. Roering, J. A. Marshall, D. G. Gavin, and D. E. Granger. 2019. The interplay between physical and chemical erosion over glacial-interglacial cycles. Geology 47(7): 613-616. DOI: 10.1130/g45940.1.

Schaller, M. F., and M. K. Fung. 2018. The extraterrestrial impact evidence at the Palaeocene–Eocene boundary and sequence of environmental change on the continental shelf. Philosophical Transactions of the Royal Society A: Mathematical, Physical and Engineering Sciences 376(2130): 20170081. DOI: 10.1098/rsta.2017.0081.

Schwenk, J., A. Khandelwal, M. Fratkin, V. Kumar, and E. Foufoula-Georgiou. 2017. High spatiotemporal resolution of river planform dynamics from Landsat: The RivMAP toolbox and results from the Ucayali River. Earth and Space Science 4: 46-75. DOI: 10.1002/2016EA000196.

Scipioni, R., L. Stixrude, and M. P. Desjarlais. 2017. Electrical conductivity of SiO2 at extreme conditions and planetary dynamos. Proceedings of the National Academy of Sciences of the United States of America 114(34): 9009-9013. DOI: 10.1073/pnas.1704762114.

Sim, M. S., T. Bosak, and S. Ono. 2011. Large sulfur isotope fractionation does not require disproportionation. Science 333(6038): 74-77. DOI: 10.1126/science.1205103.

Sivapalan, M., M. Konar, V. Srinivasan, A. Chhatre, A. Wutich, C. A. Scott, J. L. Wescoat, and I. Rodríguez-Iturbe. 2014. Socio-hydrology: Use-inspired water sustainability science for the Anthropocene. Earth's Future 2(4): 225-230. DOI: 10.1002/2013ef000164.

Slater, G. J., L. J. Harmon, and M. E. Alfaro. 2012. Integrating fossils with molecular phylogenies improves inference of trait evolution. Evolution 66(12): 3931-3944. DOI: 10.1111/j.1558-5646.2012.01723.x.

Slater, G. J., J. A. Goldbogen, and N. D. Pyenson. 2017. Independent evolution of baleen whale gigantism linked to Plio- Pleistocene ocean dynamics. Proceedings of the Royal Society B: Biological Sciences 284(1855): 20170546. DOI: 10.1098/rspb.2017.0546.

Smit, K. V., S. B. Shirey, E. H. Hauri, and R. A. Stern. 2019. Sulfur isotopes in diamonds reveal differences in continent construction. Science 364(6438): 383-385. DOI: 10.1126/science. aaw9548.

Smith, A. B. 2018. 2017 U.S. billion-dollar weather and climate disasters: A historic year in context. In Beyond the Data. NOAA. https://www.climate.gov/news-features/blogs/beyond-data/2017-us-billion-dollar-weather-and-climatedisasters-historic-year (accessed May 5, 2020).

Smith, E. M., S. B. Shirey, S. H. Richardson, F. Nestola, E. S. Bullock, J. Wang, and W. Wang. 2018. Blue boron-bearing diamonds from Earth's lower mantle. Nature 560(7716): 84-87. DOI: 10.1038/s41586-018-0334-5.

Somers, L. D., J. M. McKenzie, B. G. Mark, P. Lagos, G. H. C. Ng, A. D. Wickert, C. Yarleque, M. Baraër, and Y. Silva. 2019. Groundwater buffers becreasing glacier melt in an Andean watershed—But not forever. Geophysical Research Letters 46(22): 13016-13026. DOI: 10.1029/2019gl084730.

Sovacool, B. K., S. H. Ali, M. Bazilian, B. Radley, B. Nemery, J. Okatz, and D. Mulvaney. 2020. Sustainable minerals and metals for a low-carbon future. Science 367(6473): 30-33. DOI: 10.1126/science.aaz6003.

St. Clair, J., S. Moon, W. S. Holbrook, J. T. Perron, C. S. Riebe, S. J. Martel, B. Carr, C. Harman, K. Singha, and D. Richter. 2015. Geophysical imaging reveals topographic stress control of bedrock weathering. Science 350(6260): 534-538. DOI: 10.1126/science.aab2210.

Stevenson, D. J. 2010. Planetary magnetic fields: Achievements and prospects. Space Science Reviews 152(1): 651-664. DOI: 10.1007/s11214-009-9572-z.

Stolper, E. M., D. J. DePaolo, and D. M. Thomas. 2009. Deep drilling into a mantle plume volcano: The Hawaii Scientific Drilling Project. Scientific Drilling 7: 4-14. DOI: 10.2204/iodp.sd.7.02. 2009.

Sullivan, P. L., A. Wymore, W. H. McDowell, S. Aarons, S. Aciego, A. M. Anders, S. Anderson, E. Aronson, L. Arvin, R. Bales, A. A. Berhe, S. Billings, S. L. Brantley, P. Brooks, C. Carey, J. Chorover, X. Comas, M. Covington, A. Dere, L. Derry, W. E. Dietrich, J. Druhan, A. Fryar, I. Giesbrecht, P. Groffman, S. Hall, C. Harman, S. Hart, J. Hayes, E. Herndon, D. Hirmas, D. Karwan, L. Kinsman-Costello, P. Kumar, L. Li, K. Lohse, L. Ma, G. L. Macpherson, J. Marshall, J. B. Martin, A. J. Miller, J. Moore, T. Papnicolauo, B. Prado, A. J. Reisinger, D. d. Richter, D. Riebe, D. Rempe, A. Ward, D. Ward, N. West, C. Welty, T. White, and W. Yang. 2017. New Opportunities for Critical Zone Science. 2017 CZO Arlington Meeting White Booklet. National Science Foundation. 41 pp.

Sweet, W., G. Dusek, D. Marcy, G. Carbin, and J. Marra. 2019. 2018 State of U.S. High Tide Flooding with a 2019 Outlook. Silver Spring, MD: National Oceanic and Atmospheric Administration, 23 pp.

Tarduno, J. A., R. D. Cottrell, M. K. Watkeys, A. Hofmann, P. V. Doubrovine, E. E. Mamajek, D. Liu, D. G. Sibeck, L. P. Neukirch, and Y. Usui. 2010. Geodynamo, solar wind, and magnetopause 3.4 to 3.45 billion years ago. Science 327(5970): 1238-1240. DOI: 10.1126/science.1183445.

Tarduno, J. A., R. D. Cottrell, R. K. Bono, H. Oda, W. J. Davis, M. Fayek, O. v. t. Erve, F. Nimmo, W. Huang, E. R. Thern, S. Fearn, G. Mitra, A. V. Smirnov, and E. G. Blackman. 2020. Paleomagnetism indicates that primary magnetite in zircon records a strong Hadean geodynamo. Proceedings of the National Academy of Sciences of the United States of America 117(5): 2309-2318. DOI: 10.1073/pnas.1916553117.

Tauxe, L. 2005. Inclination flattening and the geocentric axial dipole hypothesis. Earth and Planetary Science Letters 233(3): 247-261. DOI: 10.1016/j.epsl.2005.01.027.

Teng, F.-Z., N. Dauphas, and J. M. Watkins. 2017. Non-traditional stable isotopes: Retrospective and prospective. Reviews in Mineralogy & Geochemistry 82: 1-26. http://dx.doi.org/10.2138/rmg.2017.82.1

Thomson, A. J., G. Giannopoulos, J. Pretty, E. M. Baggs, and D. J. Richardson. 2012. Biological sources and sinks of nitrous oxide and strategies to mitigate emissions. Philosophical Transactions of the Royal Society B: Biological Sciences 367(1593): 1157-1168. DOI: 10.1098/rstb.2011.0415.

Timmreck, C. 2012. Modeling the climatic effects of large explosive volcanic eruptions. Wiley InterdisciplinaryReviews: Climate Change 3: 545–564.

Tschauner, O., S. Huang, E. Greenberg, V. B. Prakapenka, C. Ma, G. R. Rossman, A. H. Shen, D. Zhang, M. Newville, A. Lanzirotti, and K. Tait. 2018. Ice-VII inclusions in diamonds: Evidence for aqueous fluid in Earth's deep mantle. Science 359(6380): 1136-1139. DOI: 10.1126/science.aao3030.

USGCRP (U.S. Global Change Research Program). 2017. Climate Science Special Report: Fourth National Climate Assessment, Volume I. Washington, DC: U.S. Global Change Research Program.

USGCRP. 2018. Fourth National Climate Assessment: Volume II. Impacts, Risks, and Adaptation in the United States. Washington, DC: U.S. Global Change Research Program, .

Valley, J. W., A. J. Cavosie, T. Ushikubo, D. A. Reinhard, D. F. Lawrence, D. J. Larson, P. H. Clifton, T. F. Kelly, S. A. Wilde, D. E. Moser, and M. J. Spicuzza. 2014. Hadean age for a post-magma-ocean zircon confirmed by atom-probe tomography. Nature Geoscience 7: 219-223. DOI: 10.1038/ngeo2075.

Voytek, E. B., H. R. Barnard, D. Jougnot, and K. Singha. 2019. Transpiration- and precipitation-induced subsurface water flow observed using the self-potential method. Hydrological Processes 33(13): 1784-1801. DOI: 10.1002/hyp.13453.

Walvoord, M. A., and B. L. Kurylyk. 2016. Hydrologic Impacts of Thawing Permafrost—A Review. Vadose Zone Journal 15(6). DOI: 10.2136/vzj2016.01.0010.

Wang, Y., G. L. Pavlis, and M. Li. 2019. Heterogeneous distribution of water in the mantle transition zone inferred from wavefield imaging. Earth and Planetary Science Letters 505: 42-50. DOI: 10.1016/j.epsl.2018.10.010.

Watt, S. F. L., D. M. Pyle, and T. A. Mather. 2013. The volcanic response to deglaciation: Evidence from glaciated arcs and a reassessment of global eruption records. Earth-Science Reviews 122: 77-102. DOI: 10.1016/j.earscirev.2013.03.007.

Weiss, B. P., R. R. Fu, J. F. Einsle, D. R. Glenn, P. Kehayias, E. A. Bell, J. Gelb, J. F. D. F. Araujo, E. A. Lima, C. S. Borlina, P. Boehnke, D. N. Johnstone, T. M. Harrison, R. J. Harrison, and R. L. Walsworth. 2018. Secondary magnetic inclusions in detrital zircons from the Jack Hills, Western Australia, and implications for the origin of the geodynamo. Geology 46(5): 427-430. DOI: 10.1130/g39938.1.

Whitehouse, P. L., N. Gomez, M. A. King, and D. A. Wiens. 2019. Solid Earth change and the evolution of the Antarctic Ice Sheet. Nature. Communications 10: 503. DOI: 10.1038/s41467-018-08068-y.

Widom, E. 2011. Recognizing recycled osmium. Geology 39(11): 1087-1088. DOI: 10.1130/focus 112011.1.

Williams, M. L., K. M. Fischer, J. T. Freymueller, B. Tikoff, A. M. Tréhu, R. Aster, C. Ebinger, B. Ellsworth, J. Hole, S. Owen, T. Pavlis, A. Schultz, and M. Wysession. 2010. Unlocking the Secrets of the North American Continent: An EarthScope Science Plan for 2010-2020. 78 pp.

Williams, R. S., Jr., J. G. Ferrigno, and USGS (U.S. Geological Survey). 2012. State of the Earth's cryosphere at the beginning of the 21st century: Glaciers, global snow cover, floating ice, and permafrost and periglacial environments. In Satellite Image Atlas of Glaciers of the World. R. S. Williams, Jr., and J. G. Ferrigno, eds. Washington, DC: U.S. Government Printing Office.

Williams, T.A., P.G. Foster, C.J. Cox, and T.M. Embley. 2013. An archaeal origin of eukaryotes supports only two primary domains of life. Nature 504: 231–236. doi: 10.1038/nature12779.

Wolfe, J. M., and G. P. Fournier. 2018. Horizontal gene transfer constrains the timing of methanogen evolution. Nature: Ecology & Evolution 2: 897-903. DOI: 10.1038/s41559-018-0513-7.

Wood, E. F., J. K. Roundy, T. J. Troy, L. P. H. van Beek, M. F. P. Bierkens, E. Blyth, A. de Roo, P. Döll, M. Ek, J. Famiglietti, D. Gochis, N. van de Giesen, P. Houser, P. R. Jaffé, S. Kollet, B. Lehner, D. P. Lettenmaier, C. Peters-Lidard, M. Sivapalan, J. Sheffield, A. Wade, and P. Whitehead. 2011. Hyperresolution global land surface modeling: Meeting a grand challenge for monitoring Earth's terrestrial water. Water Resources Research 47(5). DOI: 10.1029/2010wr 010090.

Wu, J., J. Suppe, R. Lu, and R. Kanda. 2016. Philippine Sea and East Asian plate tectonics since 52 Ma constrained by new subducted slab reconstruction methods. Journal of Geophysical Research: Solid Earth 121(6): 4670-4741. DOI: 10.1002/2016jb012923.

Wu, L., D. Wang, and J. A. Evans. 2019. Large teams develop and small teams disrupt science and technology. Nature 566(7744): 378-382. DOI: 10.1038/s41586-019-0941-9.

Zaffos, A., S. Finnegan, and S. E. Peters. 2017. Plate tectonic regulation of global marine animal diversity. Proceedings of the National Academy of Sciences of the United States of America 114(22): 5653-5658. DOI: 10.1073/pnas.1702297114.

Ziegler, L. B., and D. R. Stegman. 2013. Implications of a long-lived basal magma ocean in generating Earth's ancient magnetic field. Geochemistry, Geophysics, Geosystems 14(11): 4735-4742. DOI: 10.1002/2013gc005001.

第3章　基础设施与设备

地球科学家利用仪器和设施获取地球观测数据，依靠他们的创造力来整合这些信息，从而在科学认识上不断取得突破。这种融合的经典例子有：对年轻玄武岩年龄和磁极的测定（Cox et al., 1963; McDougall and Tarling, 1964）推动了板块构造理论的提出；沉积物中发现的富铱层现在被认为是小行星撞击地球的示踪剂（Alvarez et al., 1980），而撞击事件反过来推动了生物的演替。如今，技术发展的步伐之快前所未有，迫切需要我们在越来越广阔的时空尺度上进一步了解地球系统。例如，对固体地球变形或地表地貌变化的观测，将不再局限于单一的空间或时间尺度，而是将之视为时空连续的统一体，从纳米到全球、从近乎瞬态到数十亿年。

尽管数据分析不断朝着自动化、机器学习和人工智能的方向发展，人力资源对于数据的解释与综合、先进设施的设计与操作仍然至关重要。对地球及其组分的观测，以及对物理和化学过程的理解，将比以往任何时候都更加依赖于把新兴技术整合到基于仪器和信息的基础设施中，因此也更加依赖于人力资源方面的重要进步。

委员会的第二项任务是确定推进优先科学问题所需的基础设施，讨论当前受EAR 和 NSF 其他相关部门支持的基础设施，并分析两者之间的差距（完整的任务说明见第 1 章）。EAR 所支持的基础设施包括：观测和测量仪器，收集、分析、集成与存档数据所需要的信息基础设施（如软件、模型、高性能计算），以及开发、维护和操作仪器及软件所需的专业知识。从对个体研究者的资助，到对国家和国际网络运行的直接资助，EAR 的每项工作几乎都涉及对这些基础设施的支持。委员会的第二项任务具体如下。

任务 2A（明确推进高优先级地球科学问题研究所需的基础设施）：第 2 章简要介绍了任务 2A 中解决每个优先科学问题所需要的基础设施（如仪器、信息基础设施或专业知识）。虽然一些基础设施已经有了，且很多情况下也得到了 NSF 的支持，但对许多优先问题而言，开发新的基础设施将使科学家在未来十年取得重大进展。本章将介绍当前 EAR 所支持的基础设施与优先科学问题的匹配情况（表 3-2）。这项工作显示了现有设施与未来科学问题之间的紧密关系，并明确了哪些设施将为研究这些科学问题提供相关信息。

任务 2B（讨论 EAR 和 NSF 相关部门的基础设施列表）：本章首先介绍了所

有可用的基础设施，而后讨论了 NSF 各部门（例如 EAR、GEO、其他部门）与其他联邦机构提供的基础设施。

任务 2C（分析基础设施能力的差距）：基于任务 2A 和任务 2B 所收集的信息，本章的最后一节将对未来十年推进 EAR 支持的地球科学问题所需的基础设施提出一系列建议。

3.1　基础设施的类型

3.1.1　基于仪器的基础设施

EAR 的 IF 项目和重大研究基础设施（MRI）项目都可以为大型仪器的开发、购置与部署提供支持。这些项目的大多数建议书都要求采购的仪器可供广大研究人员用于多种项目。资助通常用于购置质谱仪、扫描电镜、微探针、X 射线衍射/X 射线荧光仪、GPS 传感器、激光扫描设备、地震仪、磁力仪、有机地球化学提取和分析仪器以及液压传感器。EAR 同样也为整个地球科学的学科研究提供了大型设备支撑（如 SAGE、GAGE、COMPRES 和 GSECARS）。

3.1.2　信息基础设施

信息基础设施包括软件工具，用于采集、分析、集成、建模和存储通过上述仪器获取的信息，以及相关元数据的背景信息。信息基础设施还包括高性能计算，它不依赖于仪器采集的任何数据。工具和计算方法的开发和维护主要由 EAR 部署的 GI 和 IF 项目、地球立方体计划 [EarthCube，是 GEO 和先进信息基础设施办公室（OAC）的联合研究计划]，以及 CSSI 项目来支撑。资金被用于开发和维护信息系统，为更广泛的地球科学领域和特定学科服务。

3.1.3　人力资源

有效利用这些硬件和软件的关键是能够设计、构建、维护、操作和不断改进这些工具的人才。对这些技能的支持，部分来自于 EAR 对特定项目的个体研究者的资助，包括对教研人员、科研人员、博士后、技术人员以及研究生和本科生的资助。大多数 EAR 所支持的多用户（群体）设施项目还为研究人员和学生提供培训机会。在某些情况下，这些技术专长还会得到更具体的支持，如教师早期职业发展计划（CAREER）奖金、博士后和研究生资助项目、IF 项目提供的实验室技术员经费，以及 GI 项目和 EarthCube 计划资助的研讨会等。

3.2　现有的基础设施

EAR 研究人员现有的基础设施主要分为三个层次，即提供给个体研究者的基础设施，NSF 或 EAR 提供的大型基础设施，以及其他联邦机构（包括 USGS、NASA 和 DOE 等）提供的基础设施。按照任务 2B，以下各节将分别介绍不同层次提供的不同类型的基础设施。

3.2.1　提供给个体研究者的基础设施

EAR 通常为个体研究者或研究小组提供资金，用于购置仪器、建设信息基础设施或提供技术支持。对近期 IF 项目提供的资助情况进行审查后发现，相当多的资金被用来购买或升级仪器、建立数据库或信息基础设施、提供培训机会（如研讨会）以及支持技术人员等。面向个体研究者提供的基础设施可满足学术界对数据获取（如地球化学、地质年代学、成像、监测）、培训和促进技术进步与创新的关键需求。委员会之所以没有进一步分析个体研究者或小型实验室层面的基础设施，是因为这些仪器在学术界分布广泛，相关情况不容易掌握。

3.2.2　大型多用户设备提供的基础设施

EAR 支持了 30 个大型多用户（群体）设施平台，为地球家提供基础设施和专业技术。较大的设施平台通过仪器、信息基础设施以及培训的组合方式为研究人员提供支持，而大多数小型设施则强调仪器或信息的服务。以下是对 EAR 支持的四大设施——SAGE、GAGE、GSECARS 和 COMPRES 的介绍，这些设施的平均年度预算报告见表 3-1 和图 3-1。

1. SAGE

SAGE 通过提供仪器和数据服务、教育、人力发展和社区活动等来支持地震学研究，由美国地震学研究联合会（IRIS）运营。IRIS 是由 100 多所美国大学组成的联盟，致力于通过科学设施来获取、管理和共享地震学数据。IRIS 管理着多个仪器网络，包括全球地震台网（GSN，NSF 与 USGS 共同支持）、大陆岩石圈台阵研究计划（PASSCAL，是一个便携式地震仪器共享中心），以及国家大地电磁仪器设施。IRIS 还运营着一个极地设施［与 UNAVCO（美国卫星导航系统与地壳形变观测研究大学联合会）的极地设施项目进行协作］，一个数据管理中心以及一个教育和公众推广项目。此外，IRIS 目前还管理着 EarthScope 计划部署在阿拉斯加的 USArray。SAGE 除了平均每年从 EAR 获得 1750 万美元预算资助外，还从 OPP 获得约 90 万美元的资助。

表 3-1　EAR 支持的仪器设施平均年度预算表

EAR 支持的设施	首字母缩写	年度平均预算/美元
地球物理学		
促进地球科学发展的地震设施	SAGE	17 500 000
促进地球科学发展的大地测量设施	GAGE	11 400 000
岩石磁学研究所	IRM	387 000
国际地震研究中心	ISC	250 000
全球矩心矩张量计划	CMT	123 000
物质表征		
地球-土壤-环境先进辐射源中心	GSECARS	2 900 000
地球科学物质性质研究联盟	COMPRES	2 400 000
地球化学/地质年代学		
普渡大学稀有同位素实验室	PRIME Lab	708 000
加州大学洛杉矶分校二次离子质谱实验室	UCLA SIMS	468 000
亚利桑那州立大学二次离子质谱实验室	ASU SIMS	402 000
东北国立大学离子微探针设备	NENIMF	339 000
威斯康星大学二次离子质谱实验室	Wisc SIMS	330 000
亚利桑那州激光测年中心	ALC	259 000
大陆钻探		
国际大陆科学钻探计划	ICDP	1 000 000
大陆科学钻探协调办公室	CSDCO	733 000
国家湖泊岩心设施	LacCore	358 000
其他学科		
国家航空激光测绘中心	NCALM	877 000
环境变化监测项目中心	CTEMPS	563 000
弗吉尼亚理工大学国家地球与环境纳米技术基础设施中心	NanoEarth	500 000
得克萨斯大学高分辨率计算机 X 射线断层成像设备	UTCT	423 000

资料来源：NSF

2. GAGE

GAGE 提供了大地测量研究、教育及人力培训所需的仪器，由 UNAVCO 负责运营。UNAVCO 是一个非营利性大学联合会，通过 GAGE 为地面及卫星大地测量技术提供仪器、数据和工程，为地球、大气和极地科学应用提供 GPS 网络，以及为 NASA 提供全球导航卫星系统（GNSS）网络。GAGE 提供或支持的数据集与产品涵盖地震学、水文学、冰川学、地貌学、地质学、大气科学

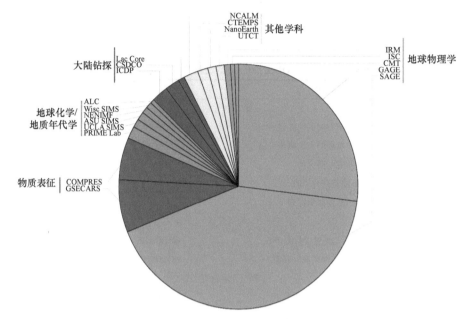

图 3-1　EAR 支持的仪器设施的平均年度预算比例图。资料来源：NSF

和数据科学等领域，可用于表征大陆变形及构造板块边界过程，开展大气、冰盖和冰川动力学，以及不同成分之间的相互作用等方面的研究。GAGE 每年从 EAR 获得平均 1140 万美元的预算，另外还有额外来自 OPP 约 84 万美元和 NASA 约 100 万美元的支持。

NSF 一直对地震学和大地测量设施未来管理模式的变化感兴趣，并请委员会召开研讨会来讨论这个话题（见专栏 3-1）。

3. GSECARS

GSECARS 是位于阿贡国家实验室先进光子源（APS）的同步辐射国家级用户设施。它同时支持 EAR 多个核心学科项目研究。自 1994 年成立以来，GSECARS 目前已能够同时运行 4 条 X 射线束，每年接待 500 多名访问学者。APS 负责根据建议书申请流程选出影响力较高的科学项目，DOE 负责为项目提供一定的光束线使用时间，而 GSECARS 负责管理并向用户提供所需的仪器和人员支持。通常情况下，EAR 的研究资助包括访问学者的差旅费和材料费。涉及的技术包括使用金刚石压砧和大容量压力机的高温/高压多晶及单晶衍射光谱、变形实验、非弹性 X 射线散射、X 射线吸收精细结构光谱、X 射线荧光显微探针分析以及显微断层扫描。GSECARS 提供的设施可支持土壤科学、环境地球化学、多孔介质学、天体化学、岩石和矿物物理学等方面的研究。

专栏 3-1　地震与大地测量设施管理研讨会

NSF 要求美国国家科学院召开研讨会来探讨地震与大地测量设施未来的可能管理模式（见专栏 1-1 任务说明）。目前，这些设施分别由 SAGE 和 GAGE 独立运行，面向科学界，并随着科学需求的变化和技术能力的发展而不断改进。

该研讨会于 2019 年 5 月 13 日至 14 日举行，参加人员来自多个领域，包括研讨会计划委员会、CORES 成员、UNAVICO 和 IRIS 的主席，以及来自 UNAVICO 和 IRIS 理事会的代表、地震与大地测量用户群体成员、NSF 赞助的其他设施管理人员及国际科学设施代表。此外，EAR 的工作人员也以观察员身份参加了会议。

会议第一天主要回顾了地震与大地测量设施的现有功能、应急性能和前沿研究水平，介绍了多种科研设施的管理模式，并重点讨论了如何将不同的管理模式应用于地震与大地测量设施。会议第二天讨论了把地震与大地测量功能分散到多个设施上或把功能集中于一个设施的利弊。研讨会最后对这些设施功能的管理，特别是仪器、用户服务、数据管理、教育/推广以及人才队伍建设等提出了意见。

记录员撰写的会议纪要对研讨会内容进行了总结并于 2019 年 9 月发布（NASEM，2019）。2019 年 10 月，NSF 宣布在 2023 年 IRIS 和 UNAVICO 结束资助后，SAGE 和 GAGE 将合并为一个设施进行管理。[①]2021 年春很可能会发布一份新的招标书。

---

4. COMPRES

COMPRES 是美国一个高压科学和矿物物理学研究领域的学术联盟。COMPRES 支持的高压设备，包括美国所有的三个同步加速器 [先进光源（ALS）、先进光子源（APS）、国家同步辐射光源 II（NSLS-II）] 共 6 条不同的光束线，以及一个由大学提供的设施，该设施为全国范围内的多面顶实验室提供高度专业化的高压装置。COMPRES 还启动了基础设施开发项目，用来支持新的高压技术研发、信息基础设施建设、教育推广，以及关于新方法的研讨会。COMPRES 自 2002 年成立以来，已经发展出了 70 个活跃的美国机构成员。COMPRES 支持的设施利

---

① 参见 https://www.iris.edu/hq/news/story/nsf_issues_announcement_on_future_management_of_seismo_geodetic_facilities [2020-1-10]。

用新技术来确定地球物质在整个地质历史时期已知各种条件下的物理和力学性质。岩石、矿物和熔体在各种压力、温度、应力、氧逸度等条件下的实验和模拟研究，被用来解释地壳、地幔和地核的地球物理和地球化学观测现象，以及全方位地理解地球动力学和地球组分的非均一性。COMPRES 的研究主要集中在高压（地幔）矿物物理和岩石变形方面，地壳岩石物理学只是 COMPRES 相对较小的一部分，新的岩石变形研究计划如 SZ4D，有可能填补这方面的空白。

COMPRES 和 GSECARS 最近被要求对其合并的利弊开展评估。进一步讨论参见专栏 3-2。

3.2.3 小型多用户设备提供的基于仪器的基础设施

除 SAGE、GAGE、GSECARS 和 COMPRES 外，EAR 的 IF 项目还支持 16 个多用户设备供学术界使用，每年平均资金为 770 万美元。以下是根据应用领域划分的多用户设备及其年度资金列表。

1. 地球物理学

除 SAGE 和 GAGE 之外，还有三个较小的由 EAR 支持的设施，主要与地球物理学研究有关，平均每年的预算为 76 万美元。分别是负责与操作研究天然材料磁学性质仪器的 IRM，提供全球地震目录的 ISC，以及提供全球地震应变能释放综合记录的 CMT。

专栏 3-2　COMPRES 和 GSECARS 合并草案

GSECARS 和 COMPRES 被 NSF 要求研讨合并的可能性。他们编写了一份白皮书（Agee et al., 2020），由一个特设的外部委员会开展组织评估工作，并报告给学术界。该报告概述了三种合并方案，包括两种"软合并"方案（即两个机构通过正式协商或共同管理来实现）和一个完全合并的方案。这三个方案的主要挑战在于两个机构的侧重点、管理和资金来源方面存在着显著差异。COMPRES 专注于高压科学和矿物物理学研究，而 GSECARS 侧重服务于包括土壤科学、环境地球化学、低温地球化学、生物地球化学、古生物学以及高压科学在内的 EAR 跨学科群体。GSECARS 由芝加哥大学管理，而 COMPRES 由美国三个同步加速器的联盟共同支持。COMPRES 完全由 NSF 资助，而GSECARS 同时也从 NASA、DOE 以及芝加哥大学先进辐射源中心获得资助。

2. 地球化学/地质年代学

有 6 个 EAR 支持的设施利用专门的质谱仪来获取地球化学或地质年代信息，其平均年度预算为 250 万美元。PRIME 是一个提供加速器质谱研究和用户设施的实验室，加速器质谱是一种测量长寿命放射性核素的分析技术；UCLA SIMS 提供进行 U-Pb 地质年代学和高精度稳定同位素比值分析的仪器，包括用于分析宇宙化学的仪器；ASU SIMS 提供用于精确测试同位素比值和分析微量元素的仪器；NENIMF 提供高精度检测 H、Li、B、C、N、O 等元素高精度检测的设备，可对硅酸盐玻璃中的岩浆挥发物和生物碳酸盐进行分析；WISC SIMS 利用大半径、多接收器离子微探针来开展稳定同位素（包括 Li、C、N、O、Mg、Si、S、Ca 和 Fe）分析；ALC 主要利用激光电感耦合等离子体质谱来获取 U-Th-Pb 年龄、Hf 同位素比值和微量元素含量等，主要用来研究大陆生长、造山过程、沉积物形成及迁移等。

这些设施的共同使命是为所在机构以及其他大学、国家实验室和联邦机构提供测试数据。大多数设施侧重支持由 EAR 资助的项目，很多设施还为 NSF 的项目减免使用费。另外，他们还共同致力于为科研培训和教育提供机会、提高数据标准，以及开发新的方法和测试技术。

3. 大陆科学钻探

EAR 有多个设施为大陆钻探提供仪器和分析技术。ICDP 是一个促进大陆科学钻探的国际合作计划，项目遍及全球，通过各国分摊费用的方式保障资金。CSDCO 的任务是协助推动钻探作业项目，在钻井时保障特定项目的后勤、样品和数据管理，以及支持实验室对岩心样品的处理和保存。此外，CSDCO 还帮助培养专注于钻探的学术群体，加强代表性不足群体的参与程度。LacCore 与 CSDCO 位于同一地点，其任务是对湖泊岩心进行沉积学分析和存档，推动大陆古气候、古生态和生物地球化学循环方面的相关项目。LacCore 运营的开放实验室为岩心描述和分析工作提供了野外、实验室设备和专业人员支持，也提供岩心存储和存档服务。这些设施的平均年度预算为 210 万美元。

4. 其他学科

其他受 EAR 支持的设施包括：NCALM 为学术界提供高质量的机载激光雷达观测；CTEMPS 利用拉曼背向散射分布式光纤温度传感器观测温度的时空分布；NanoEarth 为从事与地球及环境科学/工程相关的纳米科学与技术研究人员提供支持；UTCT 通过计算机断层扫描无损技术对固体物质内部特征进行可视化研究，获取其三维几何形状与物性的数字信息。这些设施的平均年度预算约为 240 万美元。

3.2.4 多用户设备提供的信息基础设施

EAR 还支持了 10 个可以为学术界提供信息基础设施的多用户设备。这些设施得到 GI、EarthCube、IF 及其他项目的支持，平均每年的经费为 1070 万美元（见图 3-2）。目前最大的多用户信息基础设施是 IEDA。作为收集全球地球化学与海洋科学数据的主要平台，IEDA 支持保存、发现、检索和分析各个领域的观测数据和各种类型的分析数据。

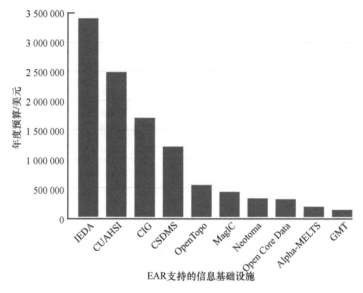

图 3-2　EAR 支持的信息基础设施平均年度预算图。资料来源：NSF

在水文学和地表过程领域，CSDMS 通过提供人力和信息基础设施推动了地表过程的综合建模，并促进了用来预测地貌景观中流体运动、沉积物及溶质通量的软件模块的开发、使用和交互访问。CUAHSI 的任务是发展基础设施与服务，促进水文科学研究与教育。OpenTopo 提供了高分辨率地形数据集及相关分析工具，这些数据集由激光雷达生成，可通过网络访问获取，从而支撑了地表过程的研究与培训。

还有一些支持地球物理学、岩石学和地球化学研究的信息基础设施。例如，CIG 负责建设并维护面向地球动力学和地震学的信息基础设施与计算能力。MagIC 开发并维护着一个开放的学界电子数据档案，用于发布岩石及古地磁数据，以支持地理可视化和数据分析。GMT 是一个开源工具包，可以进行地理和笛卡儿坐标系数据集的处理及绘图。热力学计算软件 Alpha-MELTS 包括了地球动力学、地球化学和岩石学中的热力学计算模型和算法。

此外，Neotoma 为古环境（过去 500 万年）研究与教育提供了网络数据中心。Open Core Data 提供的基础设施可以用来查询、引用和访问大陆与海洋科学钻探项目的数据。

3.2.5　其他多用户设备

还有一些 EAR 资助的信息基础设施项目无法归入上述类别。如支持 CZO 站点的设施——基于站点的流域尺度环境实验室[①]，以及支持南加州地震中心（SCEC）的设施[②]等。

CZO 计划自 2007 年开始，已构建了由 9 个野外监测台站组成的网络（从美国加利福尼亚州到波多黎各；White et al.，2015），重点调查控制关键带性质和过程的要素以及气候和土地利用变化对关键带结构的影响，增进人们对关键带的理解，提高生态系统的恢复力和可持续性，从而提升生态系统功能。每个 CZO 站点（及其相关的监测方案）都被用来研究这些问题中的一个或多个设定的科学问题。总的来说，这些野外观测站把来自不同学科的研究人员聚集在一起，使他们能够进行 7～12 年的持续观测，从而为关键带过程及演化研究带来基础数据并发展出新理论（Brantley et al.，2017）。在项目执行周期内，成千上万的研究人员和教育工作者参与其中。观测站既是新型观测技术的试验场，也是初入职场的科学家们的培训场所。CZO 计划于 2020 年结束。根据资助情况，一些 CZO 站点可能作为监测平台和学界资源继续发挥作用。目前正在积极解决对 CZO 计划的数据的持续访问问题。EAR 对该计划平均每年资助 740 万美元。

SCEC是由EAR和USGS共同资助的联合实验室，以南加利福尼亚州作为天然实验场，开展地震过程的基础研究。SCEC包括 20 个核心机构和 60 多个参与机构，作为一个虚拟组织协调开展跨学科的地震系统科学研究。SCEC项目通过地震和大地测量传感器、野外地质观测和实验室里的实验来获得数据，从而实现地震学、地震地质学、构造大地测量学与计算科学方面的研究和教育目标。另外，SCEC还利用物理模型来整合地震现象的相关知识，交流对地震灾害的理解，从而提高社会的应对能力、降低灾害风险。这个项目平均每年来自EAR的预算为 290 万美元，另外来自USGS的预算为 130 万～160 万美元。

3.2.6　NSF 其他部门提供的基础设施

NSF 运营着许多基础设施支持各种科学研究，包括 EAR 研究。以下是一些

---

① 参见 http://criticalzone.org/national[2019-12-2]。
② 参见 https://www.scec.org[2019-12-20]。

EAR 研究人员使用的基础设施和项目，它们由 GEO 或 NSF 其他部门资助。这份列表并不完整，但包含了与地球科学相关的主要设施。

1. EarthCube

EarthCube[①]是 GEO 和 OAC 的一个联合研究计划，旨在汇集地球科学、地理信息科学和数据科学界的力量，促进对信息基础设施的使用和访问，以及对地球科学数据的分析。EarthCube 开辟了一个通道，使学界的反馈意见能传达到 GEO 层面。

2. 学术研究船队和"乔迪斯·决心号"

OCE 负责监督学术研究船队和"乔迪斯·决心号（JOIDES Resolution）"的整体运行。学术研究船队对于海岸带和近海过程研究至关重要。"乔迪斯·决心号"是一艘用于海洋科学钻探的科考船，可以为古气候以及海底的岩石、构造与地球化学研究等提供重要信息。

3. NCAR

NCAR 成立于 1960 年[②]，为大气科学和相关学科研究提供超算设施、计算模型、数据和研究用途的飞行器。除了为 EAR 研究人员分配计算机时外，它还支持未来气候与古气候模拟、古气候代用指标及其验证，以及水文科学与建模等相关研究。此外，它得到 AGS 的支持。

4. 长期生态研究计划

BIO 负责监督长期生态研究计划（LTER）的运行[③]。该计划自 1980 年实施以来一直备受支持。从南极洲一直到阿拉斯加北极地区，LTER 站点对一系列代表性样点的生态系统开展长期研究。目前，LTER 网络共有 28 个站点，涉及多个学科，推动了关键带科学研究。一些 LTER 站点与 EAR 资助的 CZO 站点位于同一地点，可以实现科学目标的互补。

5. NEON

NEON 由美国本土、夏威夷和波多黎各的 20 个研究站点组成[④]，不同的地点代表了不同的生态系统类型。各个站点可以自动连续地采集数据，包括

---

① 参见 https://www.earthcube.org[2019-12-27]。
② 参见 https://ncar.ucar.edu[2019-12-20]。
③ 参见 https://lternet.edu[2019-12-20]。
④ 参见 https://www.neonscience.org/about[2019-12-20]。

基于观测塔的天气与气候数据、土壤的化学与物理性质测量值、降雨率，以及用摄像机收集的视频数据等。NEON 于 2019 年投入使用，计划使用寿命为 30 年，主要由 BIO 资助。

6. 馆藏项目

生物研究馆藏（CSBR）项目是 BIO 管理的一个项目，旨在帮助改进具有科学研究意义的馆藏，提高藏品的可访问性，提升管理能力。另一个 BIO 项目是推动生物多样性馆藏品的数字化，支持对物种出现的基本时间、地理信息、图像及其他类型的数据进行数字化。受益于这些项目的主要机构包括：古生物研究所，该所是美国十大无脊椎古生物收藏机构之一；耶鲁大学皮博迪自然史博物馆（Yale Peabody Museum），这里收藏着具有重要历史意义的美国化石藏品。此外，科罗拉多大学博尔德分校（University of Colorado Boulder）目前正在通过开展昆虫化石研究来评估陆地群落对环境变化的响应。

7. 超级计算资源

NSF 通过极限科学与工程发现环境（XSEDE）项目来支持超级计算。全国的研究人员可以通过它共享超算资源，进行高级的数据分析与可视化。XSEDE 是一个虚拟系统，它向科研人员提供超出了个体研究者正常使用的超级计算机和数据存储资源，还为他们提供充分利用这些资源所需的相关业务。目前，XSEDE 能满足高性能计算、高吞吐量计算的各种需求，以及内存密集型任务、可视化和数据分析等更专业化的需求。

3.2.7　其他机构提供的代表性基础设施

除 NSF 以外，其他机构提供的基础设施对于 EAR 研究也至关重要。本节将介绍相关的基础设施，并在第 4 章对现有和可能的合作关系进行详细讨论。

1. USGS

由 USGS 负责的区域地震监测网络是美国国家现代地震监测系统（ANSS）的一部分，该系统主要用来发布地震灾害公告和地震预警，也包括海啸预警。USGS 为与阿拉斯加火山观测站、西北太平洋地震网、活火山研究中心以及黄石地震网络相关的学术合作提供经费支持。USGS 与 NSF、IRIS 协作运行 GSN，监测全球地震活动。地震检波器与其他仪器结合，构成地球物理观测站。USGS 的鲍威尔中心（Powell Center）还与 EAR 合作开展数据融合与分析。除地震灾害监测外，USGS 与学术界合作密切，共同开展火山灾害研究，并参与了由 EAR 支持的 CONVERSE。此外，USGS 还与 EAR 共同资助 SCEC（在前几节中讨论过）。

USGS 同时负责维护现有最全面、最连续的水资源数据库，包括美国领土内数千个连续监测的河流、地下水水位、水温和沉积物浓度数据。此外，USGS 还支持 29 个水科学研究中心，这些中心获取的重要科学数据集，广泛传播给社会，供学术研究和管理使用。USGS 开发的地表水、地下水和水文地球化学/反应–运移模型，也被 EAR 学界广泛使用。USGS 还为 EAR 研究人员提供地球化学和地质年代学实验室。

通过 USGS 和 NASA 的合作，Landsat 卫星的陆地遥感产品已经被 EAR 研究人员广泛无偿使用。此外，USGS 与各大学合作设立了 8 个气候适应科学中心（CASC），致力于共同开发具有现实意义的气候适应科学，以满足合作者特别是美国内政部等决策部门的管理需求。

USGS 还与 NOAA 合作，共同管理国家空间天气预报网络系统，这对了解地球磁场的变化速率至关重要。

2. NASA

地球表层与内部重点领域（ESI）是 NASA 地球科学部（ESD）的一部分，为 NSF 支持的 GAGE 提供补充经费。NASA 的地球轨道卫星提供关键的高分辨率数据集，可用于研究气候变化、地形和水位以及重力场变化。NASA 的地球观测系统和信息系统（EOSDIS）是地球数据集的重要资源，可通过美国各地几个分布式活动档案中心进行访问。这些中心负责分析、管理和分发来自 NASA 对地观测卫星和野外测量项目的数据，包括合成孔径雷达（SAR）、海冰、冰雪、大地测量、固体地球重力测量、生态以及水文学应用等。NASA 还为地球科学的遥感应用部署了飞机和无人机，无人机上的 SAR 传感器被用来测量地表形变[①]。

NASA 戈达德太空飞行中心的水文科学部（GSFC）支持重要的陆地模式功能的开发。地球陆地信息系统是一个开源架构的系统，可用于地表水文模拟和各种遥感数据的融合。EAR 研究者利用该系统来创建无法直接观测的陆地水文变量的时空合成数据集。

3. DOE

同步辐射光源是 DOE 负责运行的大型设施[②]，具有高准直性、高强度的 X 射

---

① 参见 https://uavsar.jpl.nasa.gov[2019-12-20]。
② 这些包括 APS（由芝加哥阿贡国家实验室的 UChicago Argonne LLC 运营）、NSLS-II（由布鲁克海文国家实验室的 Brookhaven Science Associates 运营）和 ALS（由加州伯克利的劳伦斯伯克利国家实验室运营）。

线（见图3-3）。GSECARS 从 EAR 的 IF 项目获得的资助，用于支持 APS 的物理基础设施和人力资源；COMPRES 项目获得的资助，用于支持高压矿物物理学领域的物理基础设施和人力资源。DOE 和 NSF 支持的其他用户设施虽然没有得到 EAR 的资助，但也可以供 EAR 研究人员使用。这些设施来自 DOE 的众多国家实验室（阿贡、布鲁克海文、劳伦斯利弗莫尔、洛斯阿拉莫斯、橡树岭、桑迪亚等）。DOE 的基础设施如大型冲击波设施，正受到 EAR 研究人员越来越多的青睐，这类设施可以用于研究如碰撞、地球形成和演化等动态过程，以及与地球内部相近的温压条件下的物质状态。

图 3-3　DOE 同步辐射光源

从左到右依次为：布鲁克海文国家实验室的 NSLS-II，劳伦斯伯克利国家实验室的 ALS，阿贡国家实验室的 APS。

资料来源：NSLS-II，ALS-LBNL 及 APS-DOE

此外，DOE 还负责维护野外和实验站点的正常运行，这些站点为增进对关键带、水循环、地形和气候的理解提供数据、模型和合作，其中包括位于北极[1]和热带地区[2]的下一代生态系统实验点、响应全球环境变化的云杉和泥炭地实验点[3]、以及东河研究区（在第 4 章中进一步详细讨论）。DOE 还开发和提供重要的建模服务，一个重要的例子是百万兆级地球系统模型（E3SM）。此外，DOE 还拥有大量高性能计算资源，用于地球科学研究。

DOE 拥有长期的应用研究设施来支持地球科学目标，包括地热能前沿观测研究计划（FORGE）、地热试验场和深地科学与工程实验室（DUSEL）（由 NSF 共同资助）。

4. DOE/NIH

了解生物地球化学循环演变必需的生物信息主要由 NSF 以外的政府机构提

---

① 参见 https://ngee-arctic.ornl.gov[2019-12-20]。

② 参见 https://ngee-tropics.lbl.gov[2019-12-20]。

③ 参见 https://mnspruce.ornl.gov[2019-12-20]。

供，包括 DOE 的联合基因组研究所以及 NIH 的国家生物技术信息中心。此外，上述同步辐射光源也可用来研究物质的化学性质。

5. 史密森学会和博物馆收藏

史密森学会的博物馆实物收藏主要来自联邦政府的支持，其数以百万计的标本为各种科学和文化研究奠定了基础。与 EAR 特别相关的主要是古生物学、地层学、矿物学以及陨石方面的藏品。此外，许多市政和私人博物馆也为 EAR 研究发挥类似的作用。

6. USDA

美国农业部（USDA）自然资源保护局管理的土壤气候分析网和积雪遥测网，分别提供高质量的土壤湿度和雪水当量数据，以增进人们对生态水文过程和模型的理解。它还提供、维护和更新空间土壤数据集的访问，为地表和地下水文模型提供信息支持。农业研究服务局（ARS）管理着美国各地的流域尺度实验设施。美国林务局（USFS）的森林与草原项目负责管理流域范围内的长期站点，以森林地貌和管理实践为重点。这些设施支持与水循环、关键带和地形相关的优先问题研究，并提供用于描述气候、水文、植被和土壤的历史数据集（legacy datasets）。

7. NOAA

国家环境预测中心负责生成和提供天气预报、气候预测及历史数据集，这些数据集被用于水文和其他陆地模型。美国国家环境信息中心（NCEI）提供数据访问服务，如来自多个观测网络的历史气候记录，包括已经存档的降水数据集。此外，NCEI 古气候数据库还被 EAR 研究人员以及世界各地的其他研究者们广泛使用。NOAA 的国家水中心最近研发了一个国家水资源模型，可提供美国大陆数百万个河段高精度的历史及未来水流状况。该模型是在 NCAR 开发的建模技术基础上发展起来的，部分资助来自 EAR。

3.3　当前基础设施和优先科学问题之间的联系

EAR 支持的现有基础设施与设备，和第 2 章讨论的优先科学问题存在很强的关联性。表 3-2 展示了这些关系，从中可以看到，EAR 现有的许多设施仍将继续使用，用于解决本报告概括的优先科学问题。

表 3-2　优先科学问题与现有基础设施的联系

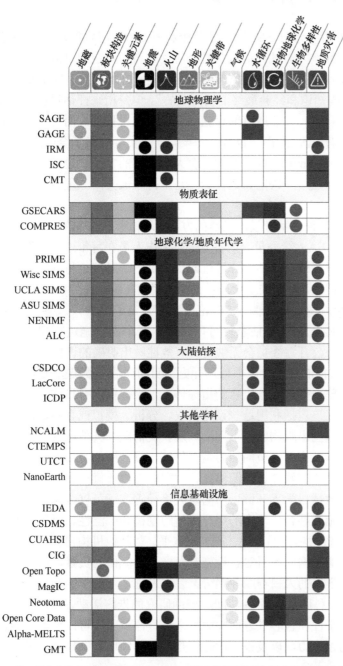

第一列缩写：
SAGE：促进地球科学发展的地震设施；GAGE：促进地球科学发展的大地测量设施；IRM：岩石磁学研究所；ISC：国际地震研究中心；CMT：全球矩心矩张量计划；GSECARS：地球-土壤-环境先进辐射源中心；COMPRES：地球科学物质性质研究联盟；PRIME：普渡大学稀有同位素实验室；Wisc SIMS：威斯康星大学二次离子质谱实验室；UCLA SIMS：加州大学洛杉矶分校二次离子质谱实验室；ASU SIMS：亚利桑那州立大学二次离子质谱实验室；NENIMF：东北国立大学离子微探针设备；ALC：亚利桑那州激光测年中心；CSDCO：大陆科学钻探协调办公室；LacCore：国家湖泊岩心设施；ICDP：国际大陆科学钻探计划；NCALM：国家航空激光测绘中心；CTEMPS：环境变化监测项目中心；UTCT：得克萨斯大学高分辨率计算机 X 射线断层成像设备；NanoEarth：弗吉尼亚理工大学国家地球与环境纳米技术基础设施中心；IEDA：跨学科地球数据联盟；CSDMS：地表动力学建模系统；CUAHSI：水文科学发展大学联盟；CIG：地球动力学计算基础设施；OpenTopo：开放地形高分辨率数据及工具设施；MagIC：磁学信息联盟；Neotoma：纽托马古生态学数据库；Open Core Data：开放岩心数据库；Alpha-MELTS：一个硅酸岩系统热力学软件；GMT：通用制图工具。

注：报告中优先科学问题列在表的上方，现有的基础设施与设备列在表的左侧。彩色方块表示能支持解决优先科学问题的设施，彩色圆圈表示与优先科学问题相关的设施。该表的依据来自于设施提供的相关描述、NSF 的资助摘要，以及学界意见调查表。

3.4 评价、评估并确定优先级

为完成任务 2B，调查开始时 NSF 确定了每个获得 EAR 支持的设施，委员会描述了对这些设施的研究，并尝试评估这些研究对优先科学问题的可能影响。每个设施的描述是根据设施运营方直接提供的信息、设施网站的信息、NSF 的资助摘要，以及委员会成员的知识和经验最终汇编而成的[①]。但是用来评估设施性能和影响的相关信息则很难获取。并非所有的设施都有项目成果报告，而且大多数有用报告的相关信息也很有限[②]。然而，也有一些设施向委员会提供了全面的信息，包括年度报告、用于评估绩效的指标和影响。有大约一半的多用户设备运行机构还回答了委员会提出的问题——决定新建设施还是维持（或关闭）现有设施的主要标准是什么？

委员会要求 EAR 提供评估基础设施效益的方法，特别是评估基础设施对部门目标的服务程度的程序。EAR 给委员会的答复是，工作人员在每年或每个资助周期结束时，都会对设施进行效益评估，并通过同行评议系统对每个将继续接受资助的设施的建议书开展评估。基于委员会成员的个人经验（例如，在 NSF 访问委员会小组中任职的经验，或之前作为 NSF 轮值工作人员的经验，或参与 NSF 设施项目的经验），EAR 现有的评估系统可以很好地对个别设施进行评估。但是，由于这些评估并没有公开，委员会无法对其有效性做出明确的评价。

为促进 EAR 对所支持的基础设施项目进行更透明的评估，委员会鼓励 EAR 建立一套从单个设备到整个基础设施组合的指标体系，来评估现有设施的效益及影响。例如，相关指标应该包括利用这些设施获取、分析、模拟或存档数据后的出版物发表数量，以及这些出版物的被引用次数及获奖情况。其他标准还可以包括仪器、信息基础设施以及相关人员的能力是否仍处于领先地位，设施是否采用了新技术并开发出新的仪器、软件、开源协议、数据处理包、模型、分析技术和科学应用，以及是否为地球科学界开辟了新的研究途径等。还可以跟踪仪器设施的运行情况，例如与设施开展合作研究的用户群体的规模和广泛性、所服务的机构、设施所支持的 NSF 资助项目的金额、需求的水平、与其他机构建立的合作关系，以及包含设施信息的数据库条目等。设施对发展人才队伍的贡献，可以通过在设施工作或研究的科学家的人口与职业趋势、参与设施运行的学生和早期职业学者的职业发展、允许非科研工作者参与 NSF 资助研究的推广活动，以及在提高地球科学家多样性、公平性和包容性方面的成绩来进行监测。还可以考虑设施在业内发挥了多大程度的领导力，以及设施运营方是不是其领域的领导者。另外，

---

① 参见 https://www.nsf.gov/awardsearch[2020-3-23]。
② 参见 https://www.research.gov[2020-3-23]。

可能需要根据设施的具体工作，使用差异化（或"量身定制"）的指标来对不同设施进行评估。以上列出的许多示例已在设施评估过程中使用，但是通过明确这些值得考虑的指标，地球科学界将更好地了解 EAR 的评价标准。

一套有针对性的指标还允许 EAR 和地球科学界定期评估全部基础设施与设备的性能和影响。它对评估拟建新设施的可能影响、决定哪些设施可以精简或停用，以及随着科学优先问题的转变，是否需要重新平衡基础设施资助尤其有帮助。评估标准和评估过程的概要内容可以进行公示，或在 NSF 网站上公布。此外，可以对 EAR 全部设施组合的相关信息进行汇编，并提供给公众，而不是像现在一样仅通过 NSF 的资助数据库发布。当 EAR 研究人员希望不断将新的、变革性技术纳入他们的研究时，这些信息对于确定未来十年基础设施资助的优先次序至关重要。

建议：应该定期使用规定的标准对 EAR 支持的基础设施及整个设施组合进行评估，以确定未来基础设施投资的优先次序，并根据需要调整设施，以适应不断变化的优先科学问题。

3.5　未来基础设施需求

3.5.1　学术界反馈的未来需求

学术界问卷调查[①]要求参与者"最多列出 3 个可以解决上述未来十年优先科学问题的基础设施（包括物理基础设施、信息基础设施、数据管理系统等）"。关于物理基础设施和馆藏的主要需求如下：

- 需要建立能够涵盖目前个体研究者所缺少的相关仪器和专业知识的中心或设施。这些中心最好能提供使用与操作仪器方面的知识，对用户进行操作培训，并帮助学术界推动计划。
- 需要建立能对地质样品和材料进行存档的设施。大多数研究人员和他们所在的大学都无法提供长期存档服务，人们担心那些关键的（在某些情况下是不可替代的）地质藏品逐渐丢失。
- 需要对传统野外地质调查继续支持或扩大支持。
- 需要从海洋中获取地球物理、地球化学、生物和海底地形等信息，来解决地球科学中的许多问题。

在信息基础设施方面，近一半受访者指出，他们的研究团队迫切需要改进数据管理系统。一个普遍的建议是，NSF 建立一个数据库系统来为地球科学的所有学科服务，提供数据访问、分析和集成等功能。显而易见的是，学术界许多受访

---

① 参见第 2 章的详细讨论。

者要么不知道 EarthCube 计划,要么认为 EarthCube 无法满足他们目前或预期的信息基础设施需求。

许多受访者还强调,需要加强对研究人员的培训,使他们能够使用先进的仪器来处理大量复杂的数据集,并与其他相关领域的科学家和工程师合作。还有人呼吁改善高性能计算、软件和建模,并加大推广,从而增强对地球科学信息的获取能力,以及增加地球科学家的多样性。

3.5.2　设施运营方的未来需求

EAR 的多用户设备运营方(上述章节)也被问及,如果经费增加 10%时,他们的首要任务是什么。其中约半数表示,如果资助增加,首先要做的事项包括雇佣更多技术人员和博士后、开发新仪器或新技术、维护或更新仪器、发起新项目、取得学术界的支持(例如,通过制定新的标准)以及加强推广等。

3.5.3　与优先科学问题相关的未来需求

为了全面解决未来十年的优先科学问题,需要有一系列仪器、设施和能力。与科学问题本身一样,以下信息根据文献综述、学界白皮书、业内反馈和设施信息等汇编而成。下面将按照从地球内部到外部的顺序加以讨论。

1. 基于仪器的能力

1)地磁学、板块构造、关键元素、地震、火山

对地核与磁场、板块构造、地震、火山和岩浆系统以及关键元素的研究,需要提高对当前地质过程的观测和监测能力。建立俯冲带观测站有助于对这些领域展开研究,就俯冲相关现象取得新认识,并提高我们预测地震、海啸以及火山喷发的能力。

观测地震的仪器必须就位,随时做好记录数据的准备,而且能持续工作。尽管地震监测设施及大地测量设施在提供地震研究信息方面表现出色,但是地震仍然不可预测,这就意味着仪器必须分布合理,并在地震发生后有补充仪器数量的能力。备选策略包括:建立地震发生时能捕捉地震的观测站(Ben-Zion,2019)、人工诱发地震后能进行临时监测(Savage et al.,2017),以及开发出新的传感器技术进行监测,如暗光纤分布式声学传感(Marra et al.,2018)。这些方面的发展不仅对于认识地球深部过程很重要,而且还可能拓展到环境地震学领域,增加人们对土壤、水库及山体失稳的认识。

对火山系统的研究需要一套专门的同步便携式野外仪器，包括多波段高分辨率摄像机、宽频带地震仪、次声传感器、GPS 接收器、气体摄像机及光谱仪、火山灰采样器等。这些硬件将被设计成具有如下功能：在火山爆发期间能以快速响应的方式迅速展开部署、监测火山喷发动态，可以对美国境内火山周期性喷发的产物进行采样，并为全世界的火山研究做出贡献。

研究板块构造和地磁学问题需要将数据拓展至全球尺度和地质历史时期，从而提供有关板块构造（及其前身）和地磁发电机在地质历史时期如何运作的信息。特别有用的工作是，收集以岩石露头为基础的传统地质观测数据，以及结合更广泛的大陆与海洋沉积序列钻井岩心的信息。还有一些重要的事是保存好已经获得但容易丢失的标本和岩心，扩大对其访问和使用。

板块构造、地磁学、火山和关键元素研究的共同需求如下：

- 能够在各种环境条件下进行试验的实验室设备，用于更好地理解形变过程；
- 能够表征地球物质在各种环境条件（成分、温度、压力、应力）下的静态和运移性质的仪器设施，包括新的光谱技术，从而构建出合适的本构关系；
- 具有在从瞬时到板块运动时间尺度上进行热力学过程测量和模拟的能力，包括在极端条件或非平衡态下的动力学和扩散过程。

地磁学问题还需要开发专门用来测量单颗粒磁信号的设备。

此外，对于关键元素和火山相关问题，需要通过分析仪器来获得整个地质历史时期的火成岩/变质岩/构造过程的记录（例如，在较小的空间尺度上分析不同的矿物、地球化学或同位素特性，提高矿物和熔体氧化状态的测试精度/准确度），以及用激光和脉冲功率进行无冲击压缩的实验方法，以便研究在地球内部或超越地球内部的各种条件下，熔体和矿物的状态方程和物理性质。

对于这些问题，提高样品分析的空间分辨率将具有很大的优势。目前，进行地球化学分析或地质年代测定所需的样品量一直在稳步减少。这样，扫描电镜和电子探针就可以对包括一些轻元素在内的非常精细的材料进行成像和分析。此外，透射电镜和原子探针目前已经能够对单原子进行成像和分析。未来十年，应该可以看到这项技术将会在更广泛的地质材料中应用，这有利于对纳米级别的包裹体和同位素储层地球化学特征提出新的认识。

时间分辨率的提高也很重要。对于大部分地质时期，地质年代的测年误差大大超过了许多地质事件和地质过程的时间尺度。未来技术的发展（如衰变常数的改进）将带来新的机遇，从而大幅度提升地质年代的测试效率及年龄的精度和准确度（Harrison et al.，2015）。人们需要把地质过程、地质条件与地质年代更好地关联在一起，并在这方面取得突破（例如，地质年代表的改进对于重建 C-O-H-N

系统以及研究它们对地球宜居性的影响非常重要）。

2）地形、关键带、气候、水循环、地质灾害

以上五个科学问题的研究主线一致，因此对仪器设施有着共同的需求。这些需求包括：

- 高分辨率的地形和植被数据，以及用于发现变化规律的长期测量数据；
- 对影响含水量、水通量、孔隙压力、质量强度、溶质和气体化学的物质性质进行地下表征；
- 用于研究过程的长期观测站与实验流域；
- 降水和径流监测站；
- 基于卫星的长期观测数据；
- 对长期侵蚀、剥露、隆起和下沉速率的量化；
- 古环境代用指标的测量分析。

下面将简要概述相关的仪器与设备。

机载激光雷达已成为一项突破性技术，能够在一次飞行过程中对数千平方公里的范围进行测量，分辨率达到几十厘米。与摄影测量不同，机载激光雷达可以穿透茂密的树林，监测到地形和植被冠层结构。研究团队越来越多地将过去的激光雷达数据与新的测量结果进行对比，以便分析前后发生的变化，或者准备在新的研究区域开展长期测量工作。

目前，星载激光雷达具有观测范围广的特点，但其分辨率有限。然而，星载摄影测量可以提供覆盖全球的亚米级分辨率数据，并可以进行重复性观测。当前，地球上的大部分地区都缺少高分辨率地形数据。摄影测量虽然容易受到覆盖的森林或灌木影响，但地球大部分区域植被密度较低，而在植被密度高的地方，地形数据通常比较粗糙，因此即便存在植被影响，利用卫星获取地形数据也是一种有价值的改进。极地地理空间中心（PGC）基于这种思路开发了两极的数字高程地表模型。研究人员利用陆地卫星的连续测量，能够制作出前后 30 多年的地球表面动态影像。在局部尺度，通过无人机、运动恢复结构（SfM）测量技术获得的地表数字地形将越来越多地用于野外工作。特别是无人机激光雷达测量可能会在中等规模的野外工作中得到更广泛的应用。

当激光雷达彻底改变了人们对地球表面的认知时，近地表（从地面到地下几十米至几百米的深度）地球物理学正在揭示地下的区域结构（例如，Kruse, 2013）。地球物理技术的进步，以及地球物理工具的获取和知识的增加，将在推进这些优先科学问题时发挥重要作用。钻探和对钻孔的表征是了解地下世界的重要一环，在钻孔安装仪器对地下物质和动态特征进行刻画也是如此。

野外长期观测站和长期实验流域在地球科学中发挥着独特作用，研究人员能够用它们来验证假说，指导测量工作，从而量化和促进人们对物理、化学、生物过程的理解（NRC，2014）。观测站创造了一种新的研究体系，研究人员可以通过在观测站的跨学科合作（如地球科学、气候科学和生物科学），来解决跨领域的重大问题。观测站还可以作为地球快速变化的"追踪器"。首次对关键带过程和演变开展持续深入调查的是 CZO 计划，它启发了美国和其他国家开展类似的研究计划。2020 年 CZO 结束运行，使得人们失去了这些能够支持关键带和水循环问题的基础设施。

关于水输入与流出的基本数据，是由联邦、州和地方机构运行的气象站和流量监测站网络提供的。尽管受到预算限制和科学问题优先级发生变化的影响，气象站和观测站数量在减少，但这些数据能否获得，以及对数据质量的控制，对科学研究产生了深远的影响，并将继续发挥重要作用。与气候监测有关的数据，包括来自 NOAA 的全球历史时期气候网络[①]和 USDA 的参数–高程回归独立坡度模型（PRISM）[②]的信息，需要努力加以保留、推广和应用。

基于卫星的地球观测为上述科学问题以及其他相关问题提供了必要的数据。这些卫星系统包括：

- 全球降水测量卫星，通过微波传感器可以测量覆盖全球的降水（Liu et al.，2017）；
- GRACE 以及后续任务，能够对土壤、湖泊与河流、冰盖与冰川中的水含量，以及海洋汇水引起的海平面变化进行全球跟踪；
- SMAP 可以监测地表以下 5 cm 的土壤湿度和冻融活动，并在大约 40 km 的范围内进行 2～3 天的重复测量（Felfelani et al.，2018）；
- InSAR 卫星能够监测地表变形，包括监测断层、滑坡、地下水储存变化、冰盖运动、永久冻土变化，以及跟踪岩浆运动和火山形变。NASA 和印度的联合卫星将于 2021 年发射，接替目前欧洲和日本卫星的任务；
- Landsat 和一些商业公司可以获得不同时间和空间分辨率的卫星照片和光谱图像，在持续监测和免费提供高质量数据方面，Landsat 卫星尤为重要。

要全面回顾关于地球科学的机遇、应用和未来任务，可以参考报告《在不断变化的星球上蓬勃发展：太空对地观测十年战略》（*Thriving on Our Changing Planet: A Decadal Strategy for Earth Observation from Space*）（NASEM，2018a）。

---

① 参见 https://www.ncdc.noaa.gov/dataaccess/landbased-st-data/landbased-datasets/global-historical-climatology-netghcn[2019-12-27]。

② 参见 https://www.wcc.nrcs.usda.gov/climate/prism.html[2019-12-27]。

随着惰性气体地球化学、热年代学、宇宙成因核素定年和团簇同位素测温技术的发展，我们记录地球表层动力过程（如侵蚀、剥露、隆起和沉降）长期变化速率的能力发生了彻底改变。通过对冰芯、化石壳体与植物、火山灰以及其他地质档案的稳定同位素进行重建，人们可以解释过去的环境条件。这些代用指标为理解气候变化历史提供了必要信息，从而成为解决以上五个优先科学问题以及其他问题的重要组成部分。地质年代学技术（例如放射性碳测年、光释光测年）非常重要，能为过去环境变化的代用记录给出时间框架。提高这些工具的精度和准确度，并且进一步发展既能够填补时间空白、又适用不同样本的地质年代学技术，对约束环境变化的绝对时间和速率至关重要。

3）生物多样性和生物地球化学循环

对于生物多样性和生物地球化学循环，要约束其发生的地点、时间与速率，需要一系列基于仪器的方法或手段，包括：

- 开发用于分析地质和生物样品的专用设施，对露头和连续岩心等长期的地质记录（古生物、地层、地球化学、气候）进行复原和归档；
- 对各光束线上的同步辐射光源和方法进行升级；
- 开发地质年代学专用设施与新方法，用来揭示演化速率和演化过程，约束生物地球化学发生变化与扰动的时间和速率。

此外，生物多样性研究需要在支持已有设施基础上，建立用来分析生物和沉积物样品的新设施，从而获得气候、大气和海洋化学等要素的古环境代用指标数据。

时空约束条件下的古生物学、地球化学、基因组学、地层学和沉积学记录，精确的地质年代学，以及对环境代用指标过程的理解，决定了这个方向的未来进展。

2. 基于信息基础设施的能力

模型的开发、数据的分析与集成都离不开信息基础设施的支持。例如，对标准化数据格式的开发或使用，对数据和模型结果的存储及访问，以及对数据的归档（无论是商用数据库还是特定领域的数据库）。多尺度、多物理过程模型的需求将越来越大，这些模型将通过前沿理论、数值方法及高性能计算能力，对来自新旧测量数值的知识加以集成。

1）地磁学、板块构造、关键元素、地震、火山

要研究地球内部运动过程，需要从已有和新的样品与记录中提取出有效

的地质、地球化学和地球物理信息，还需要建立可以用来存储和使用这些信息的数据库。虽然这是一个艰巨的挑战，但如果不这样做，信息可能会丢失，这是无法接受的。随着地质数据集规模的迅速增大，这一挑战的紧迫性也越来越强。

一旦有了数据库，就需要有先进的工具来对大量数据进行分析、可视化和建模。例如，虽然 X 射线探测技术的发展使得人们可以实时观测化学反应，但同步加速器可以在一天内产生数万亿字节（TB）的数据，这对用户和信息基础设施构成了挑战。随着一些新技术如暗光纤分布式声学传感的普及，这类需求会不断增加。其他例子如：

- 需要改进建模能力来研究驱动岩浆从储存到喷发的关键过程；
- 需要建立可用于地球内部动力学建模的计算设施；
- 为了在相关尺度范围内对几何学和动力学都很复杂的断层系统进行表征和建模，需要具有开源工具、软件优化和高性能计算的能力。

此外，还需要利用高性能计算来进行最先进的数据同化技术。这些技术包括将最新确定的关于地球物质变形的本构定律（适用于从断层到长期板块运动的一系列板块边界过程）纳入数值模拟。对于脆性变形而言，这种定律对中等尺度（大于典型的实验室样品，但小于典型模拟时的空间离散化尺度）研究很重要。

建模合作实验室是数据和建模集成的一个范例，可以协调并支持各种数字代码的分布式开发、培训、学术交流以及大规模计算。它不但能够孵化出整合了理论和数据的新一代模型，而且能够为新数据的采集过程提供信息和指导，从而填补科学认识上的空白。

2）地形、关键带、气候、水循环、地质灾害

开放地形（OpenTopography）项目提供的激光雷达数据，以及 CUAHSI 的 Hydroshare 项目提供的各种水文和关键带数据集，改进了人们对地表过程数据的获取能力。但是对地表过程数据的使用还不像全球地震数据那样便捷和有组织性。由于观测数据在个人、州和联邦等层面缺少共享，人们很难迅速找到或使用过去和当前收集的地表过程数据（如侵蚀率、土壤水分动态、钻孔结果、地下水位、气候观测）。此外，这些群体产生的数据类型不同，缺少一个统一、大家都认可的数据中心。虽然有些数据库（如 EarthChem）提供的地质年代学、地球化学和岩石学数据，可以用来研究地质时期的地表过程以及它与地球系统其他组成部分之间的相互作用，但这些数据标准不一，访问量也有限。目前对开放数据库存储与访问的经费支持，已经远远跟不上数据的生产能力，这个情况预计在未来一段时间还将持续存在。

要解决这些问题，一个共同目标是利用时空分辨率不断提高的数据来建立模型，用于预测基于事件的地表动态过程。在利用遥感图像建立第一代高分辨率全球数字地表模型方面，高性能计算将发挥核心作用（例如 PGC，见第 4 章）。其他目标主要包括：增强高性能计算的可用性，使大规模、高分辨率的水资源模型能够解决自然过程与管理策略的耦合问题；更好地预测风暴事件中滑坡的时间和位置；建立基于事件的大尺度地貌演化模型；通过大规模计算能力，同时考虑城市里复杂的建筑环境，改进地震预测；在预测地表与气候的相互作用时，将关键带的空间变异性纳入其中加以综合考虑。地貌演化模型可以捕获这些复杂的相互作用，它与大陆-全球尺度地球动力学模型将在高性能计算下实现耦合。

信息基础设施可以把古气候记录与其他地球历史与演化档案（包括古气候模型）整合在一起，因为它在不同的子学科中处于不同的发展阶段，故需要持续的支持，从而更好地利用 EAR 科学家采集的数据。高性能计算可以支持跨越古今的气候和地球系统模型，从而在人类缺乏经验的深时研究与未来气候研究之间架起一座重要的桥梁（Burke et al.，2018；Haywood et al.，2019）。

对于地质灾害研究，需要继续将高性能计算与学术界的生态系统建模结合起来，以便更好地模拟地质灾害；需要发展可扩展的算法从大量数据中提取有用信息；需要发展模型驱动的方法和计算技术，来实现更加逼真的模拟。此外，人们越来越需要信息基础设施来处理海量数据，并能够快速获得信息来进行预测和响应，这些数据涵盖了广阔的时空尺度与广泛的主题（地震学、大地测量学、激光雷达、InSAR、热流、地形学、地质年代学、矿物物理学、地球化学、水文、气象等）。

3）生物多样性和生物地球化学循环

解决这类问题需要开发统一、高质量、精编的地层、岩性、生物和地球化学信息数据库，具有检索、获取、可视化和分析功能的各种数据集，以及能对数据进行统计分析的工具。获取来自不同领域（如地层学、地质年代学、地球化学、古生物学、分子演化、微生物多样性和分子微生物学等）的模型数据并加以整合的需求正在日益增加。非 NSF 资助的数据库，如基因银行（GenBank）（NIH 的序列数据库），可以提供基本的序列信息。用来分析这类数据的生物信息学工具也主要是在 GEO 以外的部门资助下开发的。

鉴于相关数据具有规模大、性质多样、时间范围广等特点，未来的研究需要加强信息基础设施建设。另外必须指出的是，还有大量数据保存在一个世纪或更早时期出版过但尚未数字化的文献中。相关的改进措施包括：将类似于 Neotoma 数据库的方法拓展应用于深时记录；对已发表的文献进行自动化挖掘；对新数据和历史数据进行筛选；制定团体标准以便管理新产生的数据；能够对多样的地质学和生物学数据加以无缝整合；利用从大洋钻探和大陆钻探获得的露头和连续岩心，对长期地质记录（古生物、地层、地球化学、气候等）进行复原和归档；自动获取改进后的国际地质年代表。此外，日益复杂的模型需要大规模的高性能计算。系统遗传学、生物地球化学等模型不仅需要同化海量的数据，建模结果也可以反过来指导未来的数据收集工作。而机器学习的进步可能有助于更好地利用这些数据。

3. 基于人员的能力

要在地球科学优先科学问题和其他创新性研究中取得进展，不仅需要能获取新的观测数据并进行解释的研究人员，而且需要能发明新方法对信息进行整合、分析和建模的专家。地球科学界需要培养这么一支人才队伍，他们对各学科使用的仪器和数据具有高水平的专业知识，并且有能力处理来自地球科学领域之外、越来越广泛的其他领域的信息。野外地质学是许多地球科学研究领域的重要方面，因此仍然需要对野外地质工作者进行培训。当前的研究正在远离野外生活和传统的野外地质学，学界的许多受访者对此表达了担忧。然而，为了吸引更加多样化的人才，我们还需要重视地质学以外的专业 [得克萨斯农工大学的 I. 卡塞利亚斯 -康纳斯（I. Casellas-Connors）于 2019 年 3 月 14 日向委员会提出]。更加多样化的人才将会推动激动人心的研究，并加强地球科学家与整个社会之间的联系（更多相关讨论请见第 2 章和下面关于人力资源的讨论）。

地球科学越来越多的新研究需要对不同的技术方法和学科进行信息整合，因此，为了解决重要的科学问题，要求研究人员能够利用野外技能和日益复杂的专业仪器获得新数据、整合不同类型的信息，以及开发新的方法来查询和分析大型、复杂的数据集。例如下一个十年的地球科学，要求研究人员能够设计、研发和使用日益复杂和精密的仪器，并能获取、集成和分析具有不同数据格式和广阔时空尺度的大型数据集。我们已经看到地球数据科学这一新领域正作为一个具体学科向我们走来。

我们还需要人力资源来获取和分析地质年代学、地球化学和地球物理学的数据，以及开发新的分析技术和建模方法。地球科学需要有专门的软件工程师和计算机科学家来处理越来越重要的计算科学，不论是数据分析、物理过程建模，还是日益复杂的软件。另外一个有待解决的问题是，信息基础设施、数据分析软件和数据库开发方面缺乏专门针对地球科学应用的软件工程师。

由于对学科的专业性有要求，目前的培训主要由个体研究者或专门针对分析、实验、野外及计算方法方面的小型培训项目组织开展 [如地球动力研究合作学会（CIDER）、CIG、古生物学短期课程]。通过资助小规模合作、多学科或跨学科项目以及培养新学科博士后的项目，也可以为学员拓展必要的学科视野。对已成功取得 NSF 研究生奖学金、博士后奖学金和 CAREER 奖金的项目继续加以重视，可以培养和持续发展出一个强大和充满活力的专业群体，以应对本领域的未来挑战。

3.6 对可能新举措的建议

在接下来的部分，委员会就 EAR 和地球科学界可能希望考虑的新举措提出了建议。所有这些建议都来自于 EAR 的研究团体，以团体的反馈意见、白皮书或报告，以及公开会议上的发言为基础。

委员会认为，虽然优先科学问题研究在现有的 EAR 预算下可以取得重大进展，但值得注意的是，过去十年来，EAR 对基础设施的投资一直是持平的，而一些建议书提出的举措需要大量的基础设施投资。例如，SZ4D 或大陆关键带计划就可能因为全面实施的费用过高而无法纳入当前的 EAR 预算。由于基础设施规模较大，这些计划在大多数情况下需要新的资金来源［如 NSF 的中型研究基础设施（Mid-scale RI）或重大研究设备设施建设（MREFC）项目］，否则就只能取消计划。综合各种情形，委员会强烈建议，这些举措（或其他举措）的实施不应该以牺牲核心学科的研究项目为代价。

之所以选择这些举措，是因为它们具有变革的潜力，可以解决和支持第 2 章中讨论的优先科学问题和本章在前面部分讨论的基础设施需求。其中三项计划——创建国家地质年代学联盟、资助超大型多面顶压机用户设施、建立近地表地球物理中心——在学术界的多年参与和支持（如：发布白皮书、对之前学术界报告的支持，向 NSF 提出建议）下发展良好。另一项计划 SZ4D 近年来也得到了学术界的大力支持，包括一个受 NSF 资助的大型研讨会和三个研究协调网络（RCNs），但其具体计划仍在制定中。下面讨论的其他可能举措（如大陆科学钻探、地球档案和大陆关键带研究），学术界都有不同程度的参与和推动。地球科学界需要通过研讨会、白皮书和协调机制（例如 RCNs）等方式广泛参与进来，进一步探索推行这些举措的可能性。这些建议，是委员会根据改革举措的发展阶段及其科学影响潜力提出的。

1. 国家地质年代学联盟

几乎所有高优先级的科学问题都要求对地质过程的年龄和速率加以更好的约束，因此对 EAR 而言，加强地质年代学的能力建设非常重要。对于地球内部起源和动力学问题，需要更好的仪器和方法来确定地质事件和地质过程的时间和速率。对于地质、水文、大气和生物过程如何塑造地球表层并影响我们生存环境的问题，

需要有比目前更好的时间覆盖率。随着对作为互补的地球化学和晶体结构的信息获取能力的提升，所有的相关应用都会受益，这就需要改善信息基础设施，来整合地质年代学、地球化学、结晶学的数据以及其他学科的信息。

正如《地球科学新的研究机遇》（NRC，2012）和《关于时间：美国地质年代学的机遇与挑战》（*It's About Time: Opportunities & Challenges for U.S. Geochronology*）（Harrison et al.，2015）中所强调的，在提供对当前和未来地球科学研究至关重要的地质年代学信息方面，还存在着严重的问题。问题主要来自当前的资助模式，即大多数地质年代学实验室的资助主要是用来解决具体科学问题的，很少或根本没有资金用于支持实验室的基础设施、技术开发或教育/推广活动。目前，非地质年代学领域的学者因为获取地质年代学信息的成本太高、拖延的时间太长而感到沮丧，而实验室操作人员则苦于筹措运行成本。这阻碍了应对未来地球科学问题所需的新仪器、新技术和新应用的开发。

美国地质年代学界已经为建立一个地质年代学实验室联盟做好了准备，计划完成的目标如下。

（1）及时、经济地获得 EAR 资助项目所需的地质年代学信息。一个合理的目标是在 3～6 个月内获得大多数类型的地质年代学数据，费用仅包含分析工作所需的人力和耗材成本。

（2）为提供上述信息，应给予地质年代学实验室支持，并推动开发新的地质年代学仪器、方法和应用。列举几个未来的新需求：
- 提高质谱仪的电离效率，以便使效率更高和体积更小的材料得到更精确的年龄；
- 改进衰变常数的测定方法，提高测年的准确性；
- 开发标准从而改进不同实验室之间和不同方法之间的校准；
- 加强地球化学、结晶学数据与地质年代学信息的获取能力；
- 开发新兴或新型计时器，特别是能记录发生在地表附近、短时间尺度地质过程的计时器，或那些能填补现有能力空白的计时器。

（3）致力于对所有计时器实行 FAIR 数据标准（可查询、可访问、可交互、可重复使用），并为实现更复杂的数据分析、可视化及与其他类型数据的集成和建模开发相应的计算工具。

（4）改进地质年代学理论和实践的教育与培训，培养出新一代高度多样化、精通网络的地质年代学家，以及能够有效利用地质年代学信息的研究人员，并促使公众更好地理解地质年代学对于社会发展的重要意义。

继 Harrison 等（2015）之后，委员会赞同成立一个由大型实验室组成的联盟，例如成员可以是 EAR 支持的多用户设备和个体研究者的实验室。参与的实验室将致力于实现上述目标，遵循学术界制定的协议，并采取定量化的绩效考核指标来监测结果。发展和运维这一联盟的费用约为每年 800 万～1000 万美元，但由于降低了将来科学建议书中的样品分析费用，可以视为部分抵消了联盟的维护成本。

建议：EAR 应该资助国家地质年代学联盟。

2. 超大型多面顶压机用户设施

EAR 的一个基本研究领域是确定在地质时期各种条件下的岩石、矿物和熔体表现出来的物理和力学性质，并直接用于地球物理解释和地球化学观测。实验研究对于超出采样范围的反应和过程是非常重要的，特别是在压力、温度、成分、应力、应变、氧气和水逸度等不断变化的条件下。实验岩石学和矿物物理学的进步是由优先科学问题和新技术共同推动的。

第 2 章中众多科学问题的一个重要主题，是提高我们对于地球内部、地表和大气层如何随时间共同演化的基本认识。由于压力等于力除以面积，地球科学家为回答这些问题需要探索地球的深部，探索得越深，所需的压力就越大，可用于研究的样本也就越少。这些限制条件为制造足够大的能满足测量要求的高压样品带来了挑战，比如，在大颗粒样品上进行动态压缩实验或高压变形实验，或在下地幔深处的相当条件下对几个毫米大小的样品开展研究。如果能同时扩大压力的范围和样品的尺寸，将有利于开发出长度、频率和时间尺度都可以调节的新型物性测量方法，这是现有的多面顶技术无法实现的。

岩石和矿物物理学界正在准备建设新的用户设施，其压力和样品大小均超过了美国现有设施的条件。一个压力范围为 5000～10000 吨的多功能、超大型多面顶压机将极大地增强学术界在新体系下合成新样品并开展物性与变形实验的能力。2015 年 7 月，在更新 2016 年 COMPRES 建议书之前，美国高压科学界召开了一次名为"美国大型多面顶压机设施"的研讨会，探讨该领域的需求和机遇[①]。虽然 COMPRES 的建议书更新了，但超大型多面顶压机设施与其 200 万～300 万美元的启动费，超过了当前合作协议的预算范围。

如果选定的场地已经有大容量高压设施在运行，那么这种压机的日常费用可以降至和一个全职员工的工资相当。因此，该设施可以通过适当的一次性仪器投资来实现，而人员的日常费用可以从现有设施（如 COMPRES 或 GSECARS）的财务或科研范围内开支。这是各机构之间（例如 NASA 和 DOE）以及 NSF 内部各部门之间建立合作关系的机会，如 NSF 的材料研究处（DMR）就将极端环境下的科学发现和材料设计战略作为未来十年的科学优先事项之一（Faber et al., 2017）。高压科学界准备在现有的群体组织和仪器使用模式下实现这些目标。

① 参见 https://compres.unm.edu/workshop/us-large-multi-anvil-workshop[2020-1-9]。

建议：EAR 应该资助超大型多面顶压机用户设施。

3. 近地表地球物理中心

地球物理调查已成为调查地球近地表区域的一个重要工具，一般认为该区域范围是从地面延伸到地下几十米至几百米的深度（例如，Kruse，2013）。这一区域深刻影响着地球的运行方式。这里提出的大部分优先科学问题，要么以这个近地表区域为中心，要么涉及这个区域的一部分。地表破裂和断层带的近地表结构是地球变形的表现，通过对它的研究，可以获得关于地震机制的认识。对火山的重力、地震和磁力调查，可以揭示地下的形变、流动模式和下伏地层。关键带根植于这一近地表环境，地下与大气正是通过关键带相互联系。地球物理调查可以记录地下物质的孔隙度、保水性和结构，它们控制着植物的水分供应、地下水储量、径流，从而控制河道中的水流，以及水中溶质和污染物的迁移路径和归宿。这种调查对于理解关键带的结构和过程已经产生了很大的影响（见图 2-13），对于绘制大陆尺度的关键带地图也非常重要。水循环主要在这个近地表区域内运行。地下物质性质也会影响物质的强度和孔隙压力的演变，从而控制着滑坡的易发程度，最终影响山体的坡度和高度。永久冻土在这个近地表区域发育，目前正在加速解冻，可能会向大气释放大量甲烷，进而改变滑坡的速度，降低海岸悬崖的稳定性，并导致河岸侵蚀加剧。

在过去二十年中，近地表地球物理学作为一门学科不断取得发展，技术取得了显著进步，仪器已经整合到很多研究领域中，几所大学还组建了研究小组。2008 年，鲁宾逊（Robinson）等人总结了利用近地表地球物理学在流域水文研究方面取得进展的机遇，呼吁建立一个共享设施，提供有用的设备，并作为研究和设备开发的中心。他们特别将机载方法作为更大面积地区调查的一种手段。2010 年，NRC 的报告《边缘景观：地表研究的新视野》（*Landscapes on the Edge: New Horizons for Research on Earth's Surface*）总结了近地表地球物理学在地表过程研究中的许多应用，并指出仪器所支持的 IRIS 模型可以应用于浅层地球物理学的研究。在一份关于未来应对地球科学重大挑战所需的地球物理设施的学界研讨会报告中，Aster 等（2015）指出，关于地表过程，学界目前既没有被广泛应用的地球物理工具，也缺少技术支持或用户培训，这些限制了近地表地球物理学强大的功用。这些工具包括探地雷达、地震折射和反射、核磁共振、大地电磁、电阻率、磁梯度测量、微重力和时频域电磁系统。此外还需要用于井下测量的仪器，比如流体温度/电导率、电阻率、自然伽马、流量计、井径仪、声波、声学和光学钻孔远程观测仪。在 2016 年和 2019 年，IRIS 在其大型地球物理学仪器设备的建议书中，都提到了要对近地表地球物理中心进行资助，但一直没有实现。

近地表地球物理中心能够满足 EAR 研究团体不同学科的科研需求，并解决本报告提出的大多数优先科学问题，对此学术界已达成共识。由于新技术在近地表领域的应用日新月异，所以分散在各大学的研究小组在支持这一广泛需求的同时，想要跟上不断变化的技术，可能会有些困难。此外，该中心还能为广大研究人员提供数据采集和分析方面的培训。这样的中心不仅能够回答很多基本问题，也将带来新思想和新见解。

近地表地球物理设施的费用将取决于需要支持的设备规模、仪器数量和人员配置。预计 4 年内大约需要 600 万美元。如果将其纳入其他现有的仪器中心，可能更具有成本效益。

建议：EAR 应该资助近地表地球物理中心。

4. SZ4D 计划

SZ4D 计划起源于 2016 年 NSF 资助的俯冲带观测站研讨会。为了更深入地了解俯冲带在引发地质灾害并驱动固体地球演化过程时的四维变化，与会者制定了一份关于基础设施和物理过程建模的愿景文件（McGuire et al., 2017）。SZ4D 计划的目标是捕捉和模拟与俯冲相关的关键现象，这些现象时刻在变，在地质时间上也不断演变。SZ4D 将使这个当前难以实现或不可能实现的目标成为可能。

与第 2 章讨论的几个优先科学问题相呼应，该计划有四个科学问题：①大地震在何时何地发生？②幔源岩浆是如何穿过地壳与火山连通的？③俯冲过程的空间变化如何影响地震和岩浆活动？④地表过程是如何与俯冲过程联系在一起的？SZ4D 试图对位于板块边界和浅层地壳断层之间的块体、应力和流体通量开展量化研究，这些断层对沿海城市造成了威胁。为此，美国乃至全球都需要新的多学科数据集。依据该计划，可能要开展的活动包括：在近海的地震空白区布设仪器，用以充分捕捉大型破裂过程，从而获得地震滑移之前、滑移期间以及引发海啸时的摩擦、水文和热行为，或在数小时至数月的时间尺度上跟踪岩浆在地下的运动和储存过程，并将其与导致火山喷发的事件关联起来。

SZ4D 目前正处于策划阶段。在过去几年里，NSF 已经投入 120 万美元资助了三个 RCNs：CONVERSE、俯冲建模协作平台（MCS）和 SZ4D 研究协调网络。指导委员会计划在 2021 年底前制定出由学界起草的实施计划。该计划的十年目标是加深对俯冲现象的理解，从而提高预测地震、海啸和隐伏火山喷发的能力。该计划可能会与其他联邦机构，包括 USGS、NASA 和 NOAA 在内，建立很强的合作关系，并有机会与国际机构开展协同合作。在横跨海岸线的 SZ4D 方面，还有机会与 OCE 开展包括海底观测和仪器设备在内的合作研究。

MCS 被设计为一个跨学科中心，致力于模型的建立和测试，目标是推进对俯冲带在多尺度、多物理场的地球环境下的理解。该中心将协调和支持各种数字代码的分布式开发、培训、科学交流和大规模计算访问，一个主要目标是为随时间变化的灾害评估提供新的物理模型（例如全球海底观测站在评估构造前兆时对概率模型加以补充）。该研究协调网络举办了一次研讨启动会，并筹办了三次科学研讨会，分别关于流体传输（2019 年 5 月）、大型逆冲（2019 年 8 月）和火山建模（2020 年 7 月）。与这些研讨会同时举办的还有一系列关于信息基础设施的线上研讨会，组织者还计划举办另一个侧重于观测者和建模者之间合作的系列研讨会（2020 年 1~5 月）。

2020 年火山学界计划把 CONVERSE 建设成为一个永久性的联盟。该联盟由拥有火山学专业知识的学术机构和联邦机构组成，他们利用地质、地球物理和地球化学的硬件和基础设施，对新出现的火山危机做出快速响应，从而促进美国的火山科学发展。这个由 USGS 的科学家等组成的联合会，将在使用和维护一套专用公共硬件的过程中，对美国主要火山的动态和喷发周期等问题开展调查；将对有喷发记录的火山数据和火山样品进行归档，推动无偿和不受限制的数据共享；通过培训班和研讨会推广火山学研究和教育，包括对公众的推广。目前已经举行了 9 次规划研讨会，并将在 2020 年发布白皮书。最初的硬件投资约为 300 万~500 万美元，日常材料和人力资源开支每年约为 30 万美元。

建议：EAR 应该持续推动 SZ4D 计划的社区建设，其中包括 CONVERSE。

5. 大陆关键带

第 2 章提出的五个优先科学问题——与古气候、地形变化、水循环、地质灾害和关键带相关的问题——强调了关键带内部发生的过程。虽然卫星测绘和航空勘测可以提供数据来表征植被和地表地形（及其动态变化），但土壤以下的地下关键带在很大程度上因为不可见且难以进入，还是未知的。如果没有一个系统和聚焦的方法来制作大面积的地下物性地图，研究进展将是有限的。因此，有必要把关键带纳入水-碳-营养物质循环、地貌演变和灾害预测，以及气候相互作用的体系中。早期有些粗略的全球性地图（Pelletier et al.，2016；Xu and Liu，2017），表现了这种综合地图的价值及其对野外数据的需求。对局部地区的精细过程研究及关键带制图，在发现和量化关键过程时有重要价值，但是因为对地下关键带的特征归纳还处于猜测阶段，尚无法把这些认识拓展到流域尺度或大陆尺度。对

关键带地下结构的定量研究是一个前沿研究领域，也是我们这个时代面临的挑战，其结果将为基础研究和现实应用提供重要参考。如果没有一个计划并长期努力来实现这一目标，就等于人们只是在点上做了些测量，对于地球上这个重要的组成部分，人们的了解将会十分有限。

土壤学家通过一套野外采样系统来创建区域、大陆或全球地图，该系统可用于检验（对于给定的气候带）土壤性质与地表特征（如地形、植被、岩性）之间的关系假设（U.S. Natural Resources Conservation Service Soil Science Division，2017）。通过野外采样点和这些映射的地表特征，可以制作大面积的土壤地图。这项工作促成了全球土壤地图的制作，可用于预测土壤水分储存潜力和地表径流气候模型。关键带整个深度上的信息也需要用类似的绘制方式得到。虽然土壤的深度信息可以很容易通过人工钻探或挖掘得到，但大部分关键带信息是无法通过这种方式获取的。

目前我们面临的挑战是如何构建和部署一次大型测绘工程，以确定大尺度地下关键带的特征。大陆关键带计划将为制定这样一个计划创造机会。该计划需要跨地球科学领域开展合作：气候学家、地质学家、地貌学家、水文学家、地球物理学家、地球化学家和土壤学家需要发挥各自的专长，合力构想这一挑战的应对方法。要设计出一个有效的测绘程序，离不开理论、建模、野外知识和经验，该程序可以为涉及地下关键带过程的各类科学问题提供足够高分辨率的数据。预测跨地貌关键带性质的理论（例如，Riebe et al.，2017）将被用于创建分层抽样方法。气候、水文和地貌演化模型将确定哪些关键带性质是量化的必要条件，并阐明定义这些性质所需要的空间分辨率。对于需要映射的关键带模式，特定区域的野外知识将发挥重要作用。所有上述条件必须结合起来设计野外工作，才能"照亮"地下关键带。

在绘制这样一个雄心勃勃的地图时，需要学术界成员组成工作小组来开发具体的方法和技术。野外勘查活动很可能要依靠地面和航空地球物理勘查，再结合钻孔地球物理和环境监测。这一野外调查的范围将覆盖大陆，持续时间可达十年，有望促进空中和地面勘查技术的创新，从而提高垂直分辨率和作业速度。地震折射法与探地雷达和大地电阻率相结合，可能是主要的地面调查工具（例如，Holbrook et al.，2014；Parsekian et al.，2015；Carey et al.，2019）。航空电磁测量可能在预测关键带结构方面发挥重要作用，特别是在人类难以到达的地区。用来探测水分的工具（如地面和太空重力、GPS、宇宙射线中子探测器和环境噪声地震学）不仅可以提供关于储水量的动态信息，还可以对关键带结构进行推断。钻孔可以描述关键带的垂直结构，并将地球物理的间接测量与观测到的性质联系起来，还可以用于井下水分的动态监测（使用核磁共振和中子探测器）和地下水位的跟踪等研究。

　　这个实地测绘项目的实施可以从试点开始，在那里探索方法、设备和理论应用。如果几个野外小组在整个大陆同时开展工作，就可以在十年内取得重大进展。正如地形图随着技术的进步而不断改进一样，地下关键带的测绘也将不断改进。这一计划将与拟建的近地表地球物理中心紧密联系，成为一项重要的培训计划。

　　大陆关键带计划能帮助我们调查许多问题，并大大增进我们对地表如何运作，以及表层与大气层相互作用的理解。例如，预测植被、水资源和气候将如何共同演变。这一计划还能揭示地下关键带性质、关键带与地表地形共同演化的程度，并为检验共同演化理论提供数据。从流域尺度到大陆尺度的水文模型将首次对大面积的地下关键带性质进行现场表征，而不是简单依靠有限数据进行推断。此外，地下关键带的大规模测绘也将提高滑坡风险的预测能力。

　　要实现这些雄心勃勃的目标，需要对研究集体不断激励和持续支持。由于这个项目的规模之大，最终可能需要几十年、耗资超过 1 亿美元才能完成。规模较小的大陆关键带试点可以在 5 年内以 500 万美元的成本启动。但是，这种工作最好能与多个州或者联邦机构合作进行，这些机构具有关于关键带水资源、地质、土壤和其他自然资源的专业人才和资料。特别是 USGS 具备自然资源测绘的专业知识，将会发挥重要作用；DOE 的国家实验室可以为科罗拉多河上游东河的流域功能科学重点领域（SFA）研究提供相当多的经验（例如，Wan et al.，2019）；NASA 则可以提供卫星观测平台的光谱和重力数据，这些数据包含着大量关于全球尺度的地表特性和储水信息，这些信息可能会随着地下关键带条件的变化而发生改变。

　　建议：EAR 应该鼓励学界积极探索大陆关键带计划。

6. 大陆科学钻探

　　与众多优先科学问题交织在一起的一个研究主题是从大陆科学钻探中获取连续的岩心，但这项工作迄今为止只获得了 NSF 有限的资助。大陆科学钻探有四个方面的作用：①利用地质年代学、轨道天文年代学和古地磁极性地层学提供高分辨率的地质年代表；②获取气候和其他环境记录；③在岩浆、地热流体、矿物蚀变、断层、地壳形变等地质过程活跃的区域进行取样；④对深层生物圈进行采样和监测。因为露头通常不连续、缺失或受到风化，所以钻探和取心是必不可少的。来自大陆的连续记录可以获得最古老洋底年龄以外的地质历史，这对恢复大陆和海洋气候、环境和生物群落的记录非常重要。岩心化学分析（X 射线荧光、激光诱导分解光谱）、地质年代学技术和岩心成像技术的快速进步，为 NSF 鼓励学术

界规划美国大陆科学钻探计划提供了机会。

大陆科学钻探不但可以获取沉积档案和地下物质样品，还可以监测地表无法触及的深层活动过程。它是一种可以获得地球深部历史长时间记录的方法。通过大陆钻探，可以获得有关活动大陆盆地中涉及沉积盆地、板块运动和热流的构造过程记录，以及关于过去的变化和现象的记录，其特有的时间尺度超过了仪器观测和历史文献的时间长度。大陆科学钻探还可以探索变化背后可能的驱动力与节律之间的关系，并重建生物地球化学变化的代用指标。

学术界[①]的支持为美国大陆科学钻探计划注入了活力，希望通过它来解决一些跨学科的地球系统问题，也包括本报告中的几个优先问题。虽然 CSDCO 与 LacCore 可以作为 EAR 设施使用，但一个主要障碍是美国大陆科学钻探计划缺乏专门的资金。目前，美国大陆钻探的研究人员如果想要获得资助，需要分别提交科学（向 NSF 提交）和钻探（全球范围的 ICDP）两份申请。这导致项目周期为 5~10 年不等，超出了早期职业学者的能力范围，增加了他们的负担，使他们不得不从自己的所在机构争取实验室和研究生的经费。学术界需要一个更有针对性的机制来支持科学钻探。

建议：EAR 应该鼓励学界积极探索大陆科学钻探计划。

7. 地球档案

本次报告着重指出，为了使地球科学家能够访问和使用物理、化学和生物信息，需要对地质记录的电子数据进行获取、维护和归档。同样重要的是，需要对提取数据的材料进行存档，不论是已经提取了还是尚未提取。这种需求一方面反映了可重复性这一科研基本标准，另一方面反映出随着地球科学不断引入新问题和新的分析方法，在相关样本被采集多年后，实物档案对科学家们来说仍具有很高的价值。即便人们愿意投入时间和资金来复制实物收藏，通常也是不可能的，因为某些样本是独特或暂时的，或者采样地点如今已不可再访。归档材料的重要性已经被多次提到过 ［例如《地球科学数据与收集：国家资源面临危机》（*Geoscience Data and Collections：National Resources in Peril*）（NRC，2002）］，但是对于许多地球科学学科来说，这仍然是一个关键问题。

正如在优先科学问题中明确指出的那样，未来科学所需的地质资料涉及范围很广。重要的地球物质资料包括：来自海洋、湖泊和大陆钻探的岩心，来自露头的岩石样品，未固结的沉积物，土壤，空气、气体和水的样品，矿物，化石，被

---

① 参见 GSA 大陆科学钻探部分（1700 名成员）（https://community.geosociety.org/continentaldrilling/home [2019-12-27]）和地球变化速率白皮书（https://earthrates.org/2018/02/06/ninewhitepapers[2019-12-27] 和 https://drive.google.com/file/d/1CJDJHi1KxC8jOd87lAVj-gkp-0-p5W5I/view[2019-12-27]）。

保存下来的部分活体（包括 DNA 和其他生物分子）碳氢化合物，实验产出的高压、高温矿物相材料等。

尽管一些样品存档工作已经有选择性地在开展（例如博物馆收藏的矿物、岩石和化石，大洋科学钻探获取的岩心），但地球科学藏品往往还是因为不被重视、缺乏管理、缺乏资金或空间等因素而不断流失。委员会收到的学术界意见指出，保存与地球科学有关的实物档案是一个公认的优先事项，其中许多档案已经或将要得到 NSF 资助。此外，为了使这些档案充分发挥作用，必须根据学术界标准，将它们与充分的元数据、数字档案的衍生测量及产品关联起来，以便研究人员知道它们并能够访问它们。学术界的这个意见呼应了多年来一直在表达的观点，但这个观点尚未得到充分的解决（例如，NRC，2002）。该报告举了一个典型案例，说明为什么长期存储没有明显直接用途的材料，可能会以意想不到的方式使社会和研究人员受益。此外，应用新的数据挖掘方法，可以从历史地震数据中获得新发现，但这些数据目前还保存在存储条件不稳定的纸张或其他物理介质中[①]。如果转换成机器可读的格式，几十年前的全球地震观测数据就可以得到保存和扩展。

不幸的是，大学的空间和资金通常不足以支撑实物样品的长期存储，导致重要的科学藏品在学生毕业或专职科学家退休后被搁置或流失。此外，即便那些以无限期策展为工作重心的博物馆，也必须做出艰难的取舍，决定将哪些藏品存入他们已经很拥挤的空间中。另一项挑战涉及的问题是，资料是保存在地方或国家设施中，还是保存在个体研究者所在的众多研究机构中。

目前，至少有两种可选的常规方法来促进档案归档和策展。一种是建立多功能、集中的存储地，但这会给财务和后勤带来挑战，可以像《地球科学数据与收集：国家资源面临危机》（NRC，2002）中提议的那样，建立一个反映特定学术团体兴趣的分布式的档案网络。然而，即使是一个高度本地化的收藏网络，小到个体研究者的职业收藏，也需要有预算资金来维持策展，并确保在关键科学家退休后大家仍可以访问这些资源。若通过与各种合作伙伴，包括与大学、州地质调查局、USGS、史密森学会以及其他国家、州、私人和市政博物馆合作，地质材料的存档工作将会大大受益。

在资源有限的情况下，保存每一个实物样品是不现实的。与此同时，我们必须记住，今后对它们的使用情况很可能是无法预料的。这个问题至关重要，因为很多新的或重要的研究发现都是由于对地质材料的精心保存而得以实现的。其中的一个例子是，通过对原先为地质年代学收集的冥古宙锆石的地球化学分析，发现早期地球有活跃的水循环，有中性而不是强还原性的大气，以及指向板块构造

---

① 参见 https://geodynamics.org/cig/events/calendar/2019-seismic-legacy[2019-11-1]。

证据的富硅地壳（Mojzsis et al.，2001；Watson and Harrison，2005；Trail et al.，2011；Boehnke et al.，2018）。另一个例子是，通过对 20 多年前的大陆和大洋钻孔岩心中的溅射物进行全球分布分析，发现随着与白垩纪末期的希克苏鲁伯（Chicxulub）撞击点的距离变化，沉积物特征出现梯度变化（Schulte et al.，2010）。

建议：EAR 应该推动成立一个社区工作组，建立对现有和未来实物样品进行归档和管理的机制，并为这些工作提供资助。

3.7 关于信息基础设施和人力资源的结论与建议

在接下来的章节中，委员会提出了关于信息基础设施和人力资源的结论与建议，这对地球科学的未来发展至关重要。实施这些建议，不仅需要资金投入，还需要地球科学界对"工作惯例"做出重大改变，例如因新技术、新问题和新机遇的涌现，以及研究变得更加跨学科，需要对核心学科项目进行灵活的调整。

3.7.1 信息基础设施

随着数据模型的不断进步和硬件性能的不断提高，地球科学正经历着数据采集能力的爆炸式增长和计算需求的快速增加。计算环境，特别是建模能力，正在快速和持续发展。与此相悖的是，已经获得的海量传统数据则面临丢失的风险。以下是地球科学信息基础设施面临的几个重大挑战，以及 EAR 有望考虑的建议。

1. 数据管理和归档

地球科学界产生了大量具有科学价值的数据，但数据格式各不相同。经验表明，即使是经过精心整理的档案数据，要找到和检索它们往往也并不容易。此外，许多重要的传统数据（如纸质的地震图或描述化石标本的出版物）甚至还没有数字化。数据管理和归档的基本需求包括：①对传统数据及重要的相关元数据进行数字化，这项工作很可能要开发机器学习方法；②为数据和元数据域制定团体标准；③开发用于存档、整理、分析和可视化数据的方法；④对数据库提供可靠、持续的支持，使它们在一个资助周期后不会过期或无法使用。

在未来十年里，对数据存档和访问的需求将继续增长，因为数据类型的巨大多样性，再开发统一、集中的数据库已经不太可行。学术团体要获得这方面的支持，最有可能的方法是通过与计算机科学家、数据科学家合作，开发或建立长期的数据存储系统。显然这类数据库不属于 EAR 支持的大多数信息基础设施的资助范畴，因此这方面的建议书目前必须与核心学科项目中的其他研究建议书进行竞争，其成本也可能超过 NSF 任何一个处的资助能力范围。然而，如果 EAR 支持的数据和相关分析不能很容易地被其他科学家或公众使用，那么数据库也就失去了价值。

2. FAIR 数据标准

整个科学界越来越认可开放科学原则（例如，NASEM，2018b）并采用 FAIR 数据标准（可查询、可访问、可交互、可重复利用；Wilkinson et al.，2016）。FAIR 数据标准将改善 EAR 资助的数据的持续性、实用性和影响力，特别是与目前受资助的个人数据项目相比。此外，许多期刊[①]已经要求发布的数据必须满足 FAIR 标准，而 NSF 现有的数据管理政策对此并没有要求。期刊采用 FAIR 标准，实际上是对研究人员的无偿授权。尽管 EarthCube 计划在理念上倡导 FAIR 实践[②]，但委员会对 GEO 范围内的实施策略并不了解[③]。

委员会虽然知道学术界为支持 FAIR 数据标准需要资金，但也认识到，在预算有限的情况下，财务成本使得 EAR 很难支持长期、规范化的数据存储。除了财务上的限制外，另外一个挑战是在符合 FAIR 标准时投入的资源和获得的收益之间的平衡。由 EAR 资助的数据资源的现成例子——IEDA 和 Neotoma 数据库，可以作为学术界的最佳实践典范。

建议：EAR 应该制定并实施一项战略规划，来支持学术界的数据符合 FAIR 标准。

3. 不断发展的计算需求

EAR 在试图跟上计算环境（包括云计算、图形处理单元、边缘计算，可能还有量子计算）快速发展的步伐时面临着挑战。目前，我们可能还不理解这些新技术的实际应用潜力，但在未来十年，地球科学和尖端计算工具的整合将会推动该领域的发展。EAR 研究人员需要使用最先进的硬件，不仅包括 NSF 资助范围内的设施，还包括私营部门和其他政府部门的设施，如 DOE 和国家实验室；还需要具备可扩展的软件和计算机工程专业知识——包括从大量数据或模拟中提取信息的策略，来协助开发这些设施；以及发展一支精通计算的地球科学人才队伍（如下所述）。这些可以通过与 NSF 内部机构或其他联邦机构里的计算机相关部门合作来快速实现。NSF 的十大创意之一"利用数据革命（HDR）"项目，也可能给 EAR 研究人员利用计算地球科学新模式提供了一个机遇。

EAR 在跟上快速发展的计算环境方面面临着挑战。

---

① 参见 https://publications.agu.org/author-resource-center/publication-policies/data-policy[2019-12-27]。
② 参见 https://www.earthcube.org/fair[2019-12-27]。
③ 参见 https://www.nsf.gov/geo/geo-data-policies/index.jsp[2019-12-27]。

4. 对 EAR 的指导

为了在未来十年使投入的资源获得最佳效果，EAR 需要在研究人员的需求、信息基础设施的机遇，以及不断变化的计算和建模能力方面获得定期指导。因为 2021 年以后的 EarthCube 还没有资助计划，所以这个需求变得更加紧迫（E. Zanzerkia，NSF，个人通信）。一个由学术界、工业界和联邦机构代表组成，用来提供此类指导建议的常设委员会，不但可以向 EAR 介绍新兴的硬件、软件和数据存储性能，还能帮助识别有效利用信息基础设施动态环境下的机遇。

建议：EAR 应该成立一个基于学术界的常设委员会，来针对信息基础设施的需求和进展提出建议。

3.7.2 人力资源

为了实现本报告提出的科学目标和基础设施目标，需要一支强大的创新人才队伍。然而，地球科学界在发展和维持足够的技能、专业性和多样性等方面，仍然面临许多挑战。以下部分将重点介绍未来十年推进地球科学发展所需的人力资源的几个方面。

1. 技术人员

STEM 方面的专业人才是地球科学基础设施的重要组成部分，他们对于未来地球科学问题及其相关的社会问题的解决至关重要。由于其他科学、工程领域行业及高薪行业（特别是计算机行业）的竞争日益激烈，想要招聘和留住一支具有地球科学、数据和计算科学专业知识的高素质、包容性的 STEM 人才队伍，已面临严峻挑战。

随着地球数据科学和分析技术变得越来越复杂，技术人员的专业知识成为数据收集、管理、可视化、分析和传播的限制因素之一——所有这些因素都有助于获得更加严谨和更有意义的科研结果。有竞争力的长期资助对于技术知识、专业知识、经验的发展及延续至关重要。高素质技术人员是 EAR 基础设施的一部分，他们可以促进跨学科合作和教育，并支持 EAR 研究人员取得长期的成功。稳定的技术人员使合作成为可能，他们将促进技术和概念上的创新，为未来的 STEM 人才培养做出贡献，并最终解决地球科学中最紧迫的挑战。随着计算密集型研究扩展到整个地球科学领域，软件工程师和受过计算及数据科学训练的人员将在地球科学领域中更加普遍。要推动仪器设计和研发的创新，需要有电气工程、机械工程和材料科学等方面专业知识的技术人员。

通过对技术人员加强支持，使他们能与其他学科和领域竞争，将会培养出日益技术化的下一代地球科学家。在分析、计算、测序和仪器设施开发方面，需要训练有素和技术精湛的技术人员来解决与复杂地球系统有关的优先科学问题。然而，当这些需求出现的时候，美国许多地球科学机构由于经费的减少而难以维系对技术人员的支持[①]。此外，当早期职业学者得到终身职位时，他的研究经费未必随之增加，导致对技术人员的长期支持变得更加困难。这些趋势使得技术人员在经济上处在不稳定的境地，并有可能阻碍知识的传递。

建议：EAR 应该提供长期资助，以维持和发展技术人员的能力、稳定性和竞争力。

2. 培训地球数据和计算科学家

要将建模、野外观测和数据分析结合起来，需要进行大量计算工作并了解机器学习算法。未来的地球科学家需要在越来越量化的教育框架中接受培训，既包括数据的分析与还原，也包括高性能计算。地球科学与高性能计算相结合的均衡培训，将培养出具有计算技能的地球科学家，而不是具有一些地球科学知识的计算机科学家。这种类型的培训需要有针对性的策略，既培养出精通网络技术的地球科学家，也培养出精通地球科学的计算机科学家与软件工程师，从而壮大未来地球数据科学家的人才储备。

3. 多样性、公平性和包容性

通过具有广泛专业知识、经验和身份的科学家的多样化视角增强创新能力，对于解决第 2 章中描述的优先科学问题至关重要。多样性带来了很多好处，包括问题解决方法的改善、团队的效能，以及公众的地球和环境科学素养（例如，NASEM，2011；NRC，2012；Atchison and Gilley，2015；Nielsen et al.，2017）。多样化的团队会发表更多文章，成果也被更多地引用（Freeman and Huang，2014；Powell，2018）。这么做还有一个伦理学上的观点，即反对将科学知识和相关资源仅投资于部分群体。从研究思路到成果宣传，在研究和合作的各个方面增加多样性，可以使边缘化的群体更好地参与进来，并加强他们与科学之间的关联度（例如，Stewart and Valian，2018）。

尽管多样性有这些好处，地球科学仍然是少数族裔（美国印第安人或阿拉斯加原住民、黑人或非裔美国人、太平洋岛民以及西班牙裔或拉丁裔群体）多样化程度最低的 STEM 领域之一（Gonzales，2010；NSF NCSES，2019；见图 3-4）。

① 参见 https://www.cbpp.org/research/state-budget-and-tax/unkept-promises-state-cuts-to-higher-education-threaten-access-and/[2020-12-6]。

最近的分析表明，长期的努力并没有改善历史上代表性不足的群体在地球科学中的占比，地球科学家多样性方面的进展落后于其他 STEM 学科（McDaris et al.，2018）。在过去 40 年里，地球科学博士项目里的种族多样性并没有得到显著改善。2012 年，在美国前 100 名的地球科学系的终身职位或终身教职人员中，少数族裔所占比例还不到 4%（Nelson，2017；Bernard and Cooperdock，2018）。在性别多样性方面，截至 2017 年，尽管女性获得了地球科学领域近一半的博士学位，但在美国四年制院校中，女性仍然只占所有地球科学教职的 20%（Wilson，2019）。展望未来，为解决在"个人属性、文化背景、专业或社会经济地位"等机会分配方面出现的系统性障碍（AGU，2018），必须从更宽泛的角度考虑多样性和包容性。除了种族和性别，受保护的特征还包括性别认同、性别表达、性取向、父母身份、年龄、能力、公民身份、退伍军人身份等，这些构成了社会上所有人的特征。

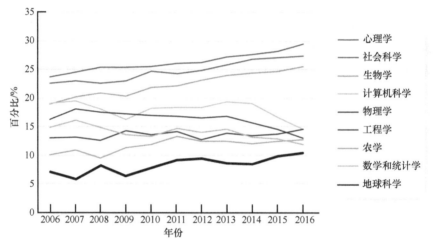

图 3-4　代表性不足的少数族裔的硕士学位授予情况

纵轴表示所报告的美国公民或永久居民中非白色人种授予硕士学位的比例，其中非白色人种包括以下类别：西班牙裔或拉丁裔、美洲印第安人或阿拉斯加原住民、亚裔或太平洋岛民、黑人或非裔、夏威夷原住民或其他太平洋岛民。学士学位和博士学位的同类数据显示了相似的趋势，地球科学的排名一直低于所有其他学科，在 2006 年和 2016 年，学士、博士两个学位的占比均为 6%，表明在过去十年没有发生显著变化。资料来源：NSF 国家科学与工程统计中心（NCSES）、美国教育部特殊制表、国家教育统计中心综合高等教育数据系统，学位普查项目、未修订的临时发布数据。https://ncses.NSF.gov/pubs/NSF19304/data[2020-3-27]

　　改变多样性趋势的一大挑战在于改变无处不在的骚扰（语言的、身体的或视觉的）、欺凌和歧视（NASEM，2018c）。为了应对职场骚扰这个一直存在的问题，一些专业协会已经通过了行为准则及道德标准，对行为规范提出了要求，并在必要时对不符合规范的行为进行惩罚，例如 AGU 的科学诚信和职业道德政策（AGU，2017），GSA 的道德规范和个人行为政策（GSA，2019）。虽然对这些问题的认识正在提高，但现有的数据并没有完全涵盖代表性不足群体和边缘化群体所受影响的各种方式。尽管如此，在我们的学科中，多样化的代表性和包容性不足仍将继续阻碍科学进步和教育（Nielsen et al.，2017）。

为了解决这一问题，EAR、GEO 和 NSF 各层面均采取了各种举措，包括提高地球科学多样性计划（NSF，2001）。GEO 在 2001～2013 年间，为关于扩大参与度的战略研究提供了 5000 多万美元资助。更近期的资助包括地球科学多元化领导机遇（GOLD）项目和 GOLD 扩展网络试点项目，这些项目把地球科学家和社会学家凝聚在一起，制定有效的专业发展战略，从而改善多样性、公平性和包容性。EAR 还推行了其他举措，如本科生研究经验（REU）项目、CAREER 奖金，以及提高个体研究影响力的项目。二十年来，NSF 在提高多样性和包容性的策略研究中给予了高度重视与资助，从中获得的经验教训可作为实践指南并推动未来的进步（例如，NASEM，2018c；Karsten，2019；Posselt et al.，2019）。

虽然个别团体、机构、专业组织和合作伙伴（如女性地球科学家网络，地球和行星科学中的拉丁裔，女性地球科学家协会、AGU 桥梁计划，改善地球科学工作环境项目，全国黑人地球科学家协会）通过各自的举措取得了进展，但 EAR 可以更直接地与研究机构和专业组织建立合作关系。EAR 学术界将从集中的资源共享中受益，包括获得最佳实践和可扩展策略的指导以及最新的研究结果。这种统一指导还可以加强优秀范例的教育/推广（例如，Earth On-Ramps 快速入门指南）[①]，其中许多做法与多样性、公平性和包容性问题有关。目前地球科学界的人才结构阻碍了我们与不同学术群体开展交流并将地球科学专业知识传播给他们的综合能力（McDaris et al.，2018）。一种解决办法是让社区加入合作，即让不是地球科学领域的人参与到解决当地问题（如土地利用、水质和气候变化对当地的影响）的研究中来。

虽然改善地球科学群体多样性的具体策略超出了本报告范围。但是很显然，改善多样性的目标需要作为优先事项得到更多重视，从而实现文化上的转变，这样压力就不会不成比例地落在少数群体身上。相反，需要将其视为地球科学界的核心价值，并在一定程度上让更多和更广泛的群体参与和推动这项工作（Karsten，2019；Dutt，2020）。

建议：EAR 应该进一步加强领导、资助和统一指导，以增强地球科学界内部的多样性、公平性和包容性。

参 考 文 献

Agee, C. B., M. L. Rivers, and A. J. Campbell. 2020. Some Management Options for the Future of COMPRES and GSECARS. Consortium for Materials Properties Research in Earth Sciences.

---

① 参见 https://serc.carleton.edu/onramps/index.html[2020-3-27]。

https://compres.unm.edu/sites/default/files/publications/COMPRES-GSECARS%20report.pdf (accessed April 15, 2020).

Alvarez, L. W., W. Alvarez, F. Asaro, and H. V. Michel. 1980. Extraterrestrial cause for the Cretaceous-Tertiary extinction. Science 208(4448): 1095. DOI: 10.1126/science.208.4448.1095.

AGU (American Geophysical Union). 2017. AGU Scientific Integrity and Professional Ethics. https://www.agu.org/-/media/Files/AGU-Scientific-Integrity-and-Professional-Ethics-Policy.pdf (accessed March 27, 2020).

AGU. 2018. AGU Diversity and Inclusion Strategic Plan. https://www.agu.org/-/media/Files/Learn-About-AGU/AGU-Diversity-and-Inclusion-Strategic-Plan-2019.pdf (accessed March 27, 2020).

Aster, R., M. Simons, R. Burgmann, N. Gomez, B. Hammond, S. Holbrook, E. Chaussard, L. Stearns, G. Egbert, J. Hole, T. Lay, and S. R. McNutt. 2015. Future Geophysical Facilities Required to Address Grand Challenges in the Earth Sciences. A community report to the National Science Foundation. 52 pp.

Atchison, C. L. and B. H. Gilley. 2015. Geology for everyone: Making the field accessible. https://www.earthmagazine.org/article/geology-everyone-making-field-accessible (accessed May 5, 2020).

Ben-Zion, Y. 2019. A critical data gap in earthquake physics. Seismological Research Letters 90(5): 1721-1722. DOI: 10.1785/0220190167.

Bernard, R. E., and E. H. G. Cooperdock. 2018. No progress on diversity in 40 years. Nature Geoscience 11(5): 292- 295. DOI: 10.1038/s41561-018-0116-6.

Boehnke, P., E. A. Bell, T. Stephan, R. Trappitsch, C. B. Keller, O. S. Pardo, A. M. Davis, T. M. Harrison, and M. J. Pellin. 2018. Potassic, high-silica Hadean crust. Proceedings of the National Academy of Sciences of the United States of America 115(25): 6353. DOI: 10.1073/pnas. 1720880115.

Brantley, S.L., W. H McDowell, W. E. Dietrich, T. S. White, P. Kumar, S. Anderson, J. Chorover, K. A. Lohse, R. C. Bales, D. D. Richter, G. Grant, and J. Gaillardet. 2017. Designing a network of Critical Zone Observatories to explore the living skin of the terrestrial Earth. Earth Surface Dynamics 5: 841-860. DOI: 10.5194/esurf-5-841-2017.

Burke, K. D., M. Chandler, A. M. Haywood, D. J. Lunt, B. L. Otto-Bliesner, and J. W. Williams. 2018. Pliocene and Eocene provide best analogues for near-future climates. Proceedings of the National Academy of Sciences of the United States of America 115: 13288-13293.

Carey, A. M., G. B. Paige, B. J. Carr, W. S. Holbrook, and S. N. Miller. 2019. Characterizing hydrological processes in a semiarid rangeland watershed: A hydrogeophysical approach. Hydrological Processes 33(5): 759-774. DOI: 10.1002/hyp.13361.

Cox, A., R. R. Doell, and G. B. Dalrymple. 1963. Geomagnetic polarity epochs and Pleistocene geochronometry. Nature 198: 1049-1051.

Dutt, K. 2020. Race and racism in the geosciences. Nature Geosciences 13: 2-3. DOI: 10.1038/ s41561-019-0519-z.

Faber, K. T., T. Asefa, M. Backhaus-Ricoult, R. Brow, J. Y. Chan, S. Dillon, W. G. Fahrenholtz, M. W. Finnis, J. E. Garay, R. E. García, Y. Gogotsi, S. M. Haile, J. Halloran, J. Hu, L. Huang, S. D. Jacobsen, E. Lara-Curzio, J. LeBeau, W. E. Lee, C. G. Levi, I. Levin, J. A. Lewis, D. M. Lipkin, K. Lu, J. Luo, J.-P. Maria, L. W. Martin, S. Martin, G. Messing, A. Navrotsky, N. P. Padture, C. Randall, G. S. Rohrer, A. Rosenflanz, T. A. Schaedler, D. G. Schlom, A. Sehirlioglu, A. J. Stevenson, T. Tani, V. Tikare, S. Trolier-McKinstry, H. Wang, and B. Yildiz. 2017. The role of ceramic and glass science research in meeting societal challenges: Report from an NSF-sponsored workshop. Journal of the American Ceramic Society 100(5): 1777-1803. DOI:

10.1111/jace.14881.

Felfelani, F., Y. Pokhrel, K. Guan, and D. M. Lawrence. 2018. Utilizing SMAP soil moisture data to constrain irrigation in the community land model. Geophysical Research Letters 45(23): 12, 892-812, 902. DOI: 10.1029/2018gl080870.

Freeman, R. B., and W. Huang. 2014. Collaboration: Strength in diversity. Nature 513(7518): 305. DOI: 10.1038/513305a.

Geological Society of America. 2019. Code of Ethics & Professional Conduct. https://www.geosociety. org/documents/gsa/about/ethics/code-ethics-professional-conduct.pdf(accessed March 27, 2020).

Gonzales, L. 2010. Underrepresented minorities in the U.S. workplace. Geoscience Currents, American Geosciences Institute.

Harrison, T. M., S. L. Baldwin, M. Caffee, G. E. Gehrels, B. Schoene, D. L. Shuster, and B. S. Singer. 2015. It's About Time: Opportunities and Challenges for U.S. Geochronology. University of California, Los Angeles, 56 pp.

Haywood, A. M., P. J. Valdes, T, Aze, N. Barlow, A. Burke, A. M. Dolan, A. S. von der Heydt, D. J. Hill, S. S. R, Jamieson, B. L. Otto-Bliesner, U. Salzmann, E. Saupe, and J. Voss. 2019. What can palaeoclimate modelling do for you? Earth Systems and Environment 3: 1-18.

Holbrook, W. S., C. S. Riebe, M. Elwaseif, J. L. Hayes, K. Basler-Reeder, D. L. Harry, A. Malazian, A. Dosseto, P. C. Hartsough, and J. W. Hopmans. 2014. Geophysical constraints on deep weathering and water storage potential in the Southern Sierra Critical Zone Observatory. Earth Surface Processes and Landforms 39(3): 366-380. DOI: 10.1002/esp.3502.

Karsten, J. L. 2019. Insights from the OEDG program on broadening participation in the geosciences. Journal of Geoscience Education 67(4): 287-299. DOI: 10.1080/10899995.2019.1565982.

Kruse, S. 2013. Near-surface geophysics in geomorphology. In Treatise on Geomorphology. J. F. Shroder, ed. San Diego: Academic Press.

Liu, Z., D. Ostrenga, B. Vollmer, B. Deshong, K. Macritchie, M. Greene, and S. Kempler. 2017. Global precipitation measurement mission products and services at the NASA GES DISC. Bulletin of the American Meteorological Society 98(3): 437-444. DOI: 10.1175/bams-d- 16-0023.1.

Marra, G., C. Clivati, R. Luckett, A. Tampellini, J. Kronjäger, L. Wright, A. Mura, F. Levi, S. Robinson, A. Xuereb, B. Baptie, and D. Calonico. 2018. Ultrastable laser interferometry for earthquake detection with terrestrial and submarine cables. Science 361(6401): 486-490. DOI: 10.1126/science.aat4458.

McDaris, J. R., C. A. Manduca, E. R. Iverson, and C. Huyck Orr. 2018. Looking in the right places: Minority-serving institutions as sources of diverse Earth science learners. Journal of Geoscience Education 65: 407-415.

McDougall, I. A. N., and D. H. Tarling. 1964. Dating geomagnetic polarity zones. Nature 202(4928): 171-172. DOI: 10.1038/202171b0.

McGuire, J. J., T. Plank, S. Barrientos, T. Becker, E. Brodsky, E. Cottrell, M. French, P. Fulton, J. Gomberg, S. Gulick, M. Haney, D. Melgar, S. Penniston-Dorland, D. Roman, P. Skemer, H. Tobin, I. Wada, and D. Wiens. 2017. The SZ4D Initiative: Understanding the Processes that Underlie Subduction Zone Hazards in 4D. Vision Document Submitted to the National Science Foundation. The IRIS Consortium.

Mojzsis, S. J., T. M. Harrison, and R. T. Pidgeon. 2001. Oxygen-isotope evidence from ancient zircons for liquid water at the Earth's surface 4, 300 Myr ago. Nature 409(6817): 178-181. DOI: 10.1038/35051557.

NASEM (National Academies of Sciences, Engineering, and Medicine). 2011. Expanding Underrepresented Minority Participation: America's Science and Technology Talent at the

Crossroads. Washington, DC: The National Academies Press. https://doi.org/10.17226/12984.

NASEM. 2018a. Thriving on Our Changing Planet: A Decadal Strategy for Earth Observation from Space. Washington, DC: The National Academies Press. https://doi.org/10.17226/24938.

NASEM. 2018b. Open Science by Design: Realizing a Vision for 21st Century Research. Washington, DC: The National Academies Press. https://doi.org/10.17226/25116.

NASEM. 2018c. Sexual Harassment of Women: Climate, Culture, and Consequences in Academic Sciences, Engineering, and Medicine. Washington, DC: The National Academies Press. https://doi.org/10.17226/24994.

NASEM. 2019. Management Models for Future Seismological and Geodetic Facilities and Capabilities: Proceedings of a Workshop. Washington, DC: The National Academies Press. https://doi.org/10.17226/25536.

Nelson, D. J. 2017. Diversity of science and engineering faculty at research universities. In Diversity in the Scientific Community Volume 1: Quantifying Diversity and Formulating Success. D. J. Nelson and H. N. Cheng, eds. Pp. 15- 86. Washington, DC: ACS.

Nielsen, M.W., S. Alegria, L. Börjeson, H. Etzkowitz, H. J. Falk-Krzesinski, A. Joshi, E. Leahey, L. Smith-Doerr, A. W. Woolley, and L. Schiebinger. 2017. Gender diversity leads to better science. Proceedings of the National Academy of Sciences of the United States of America 114(8): 1740-1742. DOI: 10.1073/pnas.1700616114.

NRC (National Research Council). 2002. Geoscience Data and Collections: National Resources in Peril. Washington, DC: The National Academies Press. https://doi.org/10.17226/10348.

NRC. 2010. Landscapes on the Edge: New Horizons for Research on Earth's Surface. Washington, DC: The National Academies Press. https://doi.org/10.17226/12700.

NRC. 2012. New Research Opportunities in the Earth Sciences. Washington, DC: The National Academies Press. https://doi.org/10.17226/13236.

NRC. 2014. Enhancing the Value and Sustainability of Field Stations and Marine Laboratories in the 21st Century. Washington, DC: The National Academies Press. https://doi.org/10.17226/18806.

NSF (National Science Foundation). 2001. Strategy for Developing a Program for Opportunities for Enhancing Diversity in the Geosciences (NSF 01-53). National Science Foundation. Alexandria, VA. https://nsf.gov/geo/diversity/geo_diversity_strategy_document_jan_01.jsp (accessed May 5, 2020).

NSF National Center for Science and Engineering Statistics. 2019. Women, Minorities, and Persons with Disabilities in Science and Engineering: 2019. Special Report NSF 19-304. Alexandria, VA. https://www.nsf.gov/statistics/wmpd (accessed May 5, 2020).

Parsekian, A. D., K. Singha, B. J. Minsley, W. S. Holbrook, and L. Slater. 2015. Multiscale geophysical imaging of the critical zone. Reviews of Geophysics 53(1): 1-26. DOI: 10.1002/2014rg000465.

Pelletier, J. D., P. D. Broxton, P. Hazenberg, X. Zeng, P. A. Troch, G.-Y. Niu, Z. Williams, M. A. Brunke, and D. Gochis. 2016. A gridded global data set of soil, intact regolith, and sedimentary deposit thicknesses for regional and global land surface modeling. Journal of Advances in Modeling Earth Systems 8(1): 41-65. DOI: 10.1002/2015MS000526.

Posselt, J. R., J. Chen, G. Dixon, J. F. L. Jackson, R. Kirsch, A. Nunez, and B. J. Teppen. 2019. Advancing inclusion in the geosciences: An overview of the NSF-GOLD program. Journal of Geoscience Education. 67(4): 313-319. DOI: 10.1080/10899995.2019.1647007.

Powell, K. 2018. These labs are remarkably diverse—Here's why they're winning at science. Nature 558(7708): 19- 22. DOI: 10.1038/d41586-018-05316-5.

Riebe, C. S., W. J. Hahm, and S. L. Brantley. 2017. Controls on deep critical zone architecture: A historical review and four testable hypotheses. Earth Surface Processes and Landforms 42(1):

128-156. DOI: 10.1002/esp.4052.

Robinson, D. A., A. Binley, N. Crook, F. D. Day-Lewis, T. P. A. Ferré, V. J. S. Grauch, R. Knight, M. Knoll, V. Lakshmi, R. Miller, J. Nyquist, L. Pellerin, K. Singha, and L. Slater. 2008. Advancing process-based watershed hydrological research using near-surface geophysics: A vision for, and review of, electrical and magnetic geophysical methods. Hydrological Processes 22(18): 3604-3635. DOI: 10.1002/hyp.6963.

Savage, H. M., J. D. Kirkpatrick, J. J. Mori, E. E. Brodsky, W. L. Ellsworth, B. M. Carpenter, X. Chen, F. Cappa, and Y. Kano. 2017. Scientific Exploration of Induced SeisMicity and Stress (SEISMS). Scientific Drilling 23: 57-63. DOI: 10.5194/sd-23-57-2017.

Schulte, P., L. Alegret, I. Arenillas, J. A. Arz, P. J. Barton, P. R. Bown, T. J. Bralower, G. L. Christeson, P. Claeys, C. S. Cockell, G. S. Collins, A. Deutsch, T. J. Goldin, K. Goto, J. M. Grajales-Nishimura, R. A. F. Grieve, S. P. S. Gulick, K. R. Johnson, W. Kiessling, C. Koeberl, D. A. Kring, K. G. MacLeod, T. Matsui, J. Melosh, A. Montanari, J. V. Morgan, C. R. Neal, D. J. Nichols, R. D. Norris, E. Pierazzo, G. Ravizza, M. Rebolledo-Vieyra, W. U. Reimold, E. Robin, T. Salge, R. P. Speijer, A. R. Sweet, J. Urrutia-Fucugauchi, V. Vajda, M. T. Whalen, and P. S. Willumsen. 2010. The Chicxulub asteroid impact and mass extinction at the Cretaceous-Paleogene boundary. Science 327(5970): 1214. DOI: 10.1126/science.1177265.

Stewart, A. J., and V. Valian. 2018. An Inclusive Academy: Achieving Diversity and Excellence. Cambridge, Massachusetts: The MIT Press.

Trail, D., E. B. Watson, and N. D. Tailby. 2011. The oxidation state of Hadean magmas and implications for early Earth's atmosphere. Nature 480(7375): 79–82. DOI: 10.1038/nature10655.

U. S. Natural Resources Conservation Service Soil Science Division. 2017. Soil survey manual. Washington, DC: U. S. Department of Agriculture.

Wan, J., T. K. Tokunaga, K. H. Williams, W. Dong, W. Brown, A. N. Henderson, A. W. Newman, and S. S. Hubbard. 2019. Predicting sedimentary bedrock subsurface weathering fronts and weathering rates. Scientific Reports 9(1): 17198. DOI: 10.1038/s41598-019-53205-2.

Watson, E. B., and T. M. Harrison. 2005. Zircon thermometer reveals minimum melting conditions on earliest Earth. Science 308(5723): 841. DOI: 10.1126/science.1110873.

White, T., S. Brantley, S. Banwart, J. Chorover, W. Dietrich, L. Derry, K. Lohse, S. Anderson, A. Aufdendkampe, R. Bales, P. Kumar, D. Richter, and B. McDowell. 2015. The role of critical zone observatories in critical one science. In Developments in Earth Surface Processes, Vol. 19, J. R, Giardino and C. Houser, eds. DOI: 10.1016/B978-0-444- 63369-9.00002-1.

Wilkinson, M. D., M. Dumontier, I. J. Aalbersberg, G. Appleton, M. Axton, A. Baak, N. Blomberg, J.-W. Boiten, L. B. da Silva Santos, P. E. Bourne, J. Bouwman, A. J. Brookes, T. Clark, M. Crosas, I. Dillo, O. Dumon, S. Edmunds, C. T. Evelo, R. Finkers, A. Gonzalez-Beltran, A. J. G. Gray, P. Groth, C. Goble, J. S. Grethe, J. Heringa, P. A. C. 't Hoen, R. Hooft, T. Kuhn, R. Kok, J. Kok, S. J. Lusher, M. E. Martone, A. Mons, A. L. Packer, B. Persson, P. Rocca- Serra, M. Roos, R. van Schaik, S.-A. Sansone, E. Schultes, T. Sengstag, T. Slater, G. Strawn, M. A. Swertz, M. Thompson, J. van der Lei, E. van Mulligen, J. Velterop, A. Waagmeester, P. Wittenburg, K. Wolstencroft, J. Zhao, and B. Mons. 2016. The FAIR Guiding Principles for scientific data management and stewardship. Scientific Data 3(1): 160018. DOI: 10.1038/sdata.2016.18.

Wilson, C. 2019. Status of the Geoscience Workforce 2018, American Geosciences Institute, 166 pp.

Xu, X., and W. Liu. 2017. The global distribution of Earth's critical zone and its controlling factors. Geophysical Research Letters 44(7): 3201-3208. DOI: 10.1002/2017gl072760.

第 4 章　合作伙伴关系

地球科学复杂、跨学科的特点，为 EAR 通过与 NSF 内部以及其他机构的合作来扩大所资助的研究的影响力提供了绝佳的机会。开展富有成效的科技合作对于充分利用基础设施并合理使用科研经费至关重要。对合作潜力的研究是委员会第三项研究任务的核心，即讨论 EAR 该如何充分利用和完善合作伙伴的能力、专业知识和战略计划，来鼓励加强合作并最大限度地共享科研资产和数据。

在研讨此项议题过程中，委员会与 NSF 的工作人员代表进行了沟通交流，这些代表分别来自 GEO、EAR、OCE、AGS、OPP、OISE、CISE、ENG、BIO。此外，委员会还与 USGS、NASA、USDA 和 DOE 等一些其他联邦机构进行了会谈。专栏 4-1 列出了本章中所用到的机构首字母缩写词。

专栏 4-1　NSF 下属部门和其他联邦机构的缩写词

NSF 下属机构

BIO：生物科学部（Directorate for Biological Sciences）

CISE：计算机与信息科学及工程部（Directorate for Computer and Information Science and Engineering）

ENG：工程学部（Directorate for Engineering）

GEO：地球科学部（Directorate for Geosciences）

　　地球科学部（GEO）下属机构

　　AGS：大气与地球空间科学处（Division of Atmospheric and Geospace Sciences）

　　EAR：地球科学处（Division of Earth Sciences）

　　OCE：海洋科学处（Division of Ocean Sciences）

　　OPP：极地项目办公室（Office of Polar Programs）

OISE：国际科学与工程办公室（Office of International Science and Engineering）

> **其他联邦机构**
> **DOE**：美国能源部（U.S. Department of Energy）
> **NASA**：美国国家航空航天局（National Aeronautics and Space Administration）
> **NIH**：美国国立卫生研究院（National Institutes of Health）
> **USACE**：美国陆军工程兵团（U.S. Army Corps of Engineers）
> **USDA**：美国农业部（U.S. Department of Agriculture）
> **USGS**：美国地质调查局（U.S. Geological Survey）

　　委员会还参考了学界的调查问卷。问卷询问参与者的问题是："EAR 如何通过与 NSF 其他各部各处、联邦机构以及国内外合作伙伴的合作，来实现对 EAR 研究和基础设施的最有效利用？"委员会根据这些讨论和反馈就任务 3 给出建议。

4.1　NSF 内部的合作关系

4.1.1　部门层面

　　EAR 是 GEO 的四大部门之一。其他三个分别是 OCE、AGS 和 OPP。为推进对整个地球系统的研究，而不局限于地球科学的分领域，EAR 与这些部门及 GEO 之间建立了密切的联系。

1. EAR

　　委员会邀请 EAR 的领导层及项目主管参加了第一次会议，并请他们就 EAR 与 GEO 其他部门、NSF 各部门以及其他联邦机构之间的合作关系发表看法。部门主任、科室负责人和项目主管指出，EAR 与 NSF 各层级存在很多合作关系，与 NSF 之外的其他机构，如 NASA、USGS、DOE 和 USDA 也存在多项合作。与会讨论者包括 EAR 主任莉娜·帕蒂诺（Lina Patino）、科室负责人斯蒂芬·哈伦（Stephen Harlan）和索尼娅·埃斯佩兰萨（Sonia Esperanca），以及部门所有的项目主管。

　　会议提到了正在执行的和新启动的合作项目，如 CoPe、SitS、INFEWS，以及来自 NSF 十大创意[①]的想法。CoPe[②]是一个与 NSF 诸多部门建立的合作项目，这些部门包括 GEO、BIO、ENG、SBE 和教育与人力资源部（EHR），以

　　[①] 参见 https://www.nsf.gov/news/special_reports/big_ideas[2019-12-20]。
　　[②] 参见 https://www.nsf.gov/pubs/2019/nsf19059/nsf19059.jsp[2019-12-20]。

及综合活动办公室（OIA）。这个项目致力于针对自然过程和地质灾害对沿海地区的影响，开展相关研究并建设应对能力。该项目也直接应用于国家安全，例如，一些沿海军事设施正面临着来自基础设施建设的威胁，并受到海洋盐分及污染物的困扰。

SitS 是 GEO、BIO、ENG、CISE、USDA 和一些英国机构的合作项目，将通过建模和先进的传感器对土壤过程进行变革性研究。INFEWS[①]是 GEO、ENG、SBE、OIA 和 USDA 的合作项目，把粮食-能源-水作为一个综合体系加以深入研究并提供资助。在科学、工程与教育的可持续发展——水资源可持续性与气候（SEES-WSC）项目的成功经验以及类似的参与伙伴基础上，为推进该领域的基础问题研究，INFEWS 项目鼓励不同学科领域的研究人员开展全新、持续的合作。以上这些项目都是 NSF 十大创意之一"日益融合的研究（GCR）"项目的例证。为了激发跨学科研究，GCR 鼓励将 NSF 项目里来自不同领域的想法汇集在一起。

在 EAR 内部，项目主管构建了良好的国际合作关系，包括与中国的国家自然科学基金委员会（NSFC）、以色列的美国-以色列两国科学基金会（BSF）和英国自然环境研究理事会（NERC）的合作。科室负责人表达了加强这些合作关系的意愿，并鼓励项目主管开展更为丰富的国际合作。EAR 还积极参与贝尔蒙特论坛（Belmont Forum）[②]，该论坛是一个为环境变化研究提供基金的国际合作组织。国际合作关系的一个重要意义是它对于发展和加强全球科学工作队伍和国际合作关系网络非常必要。随着科学全球化的深入发展，这些联合也变得越来越重要。学术界也支持加强国际合作关系，并指出未来与加拿大、中国、欧盟、德国、日本、墨西哥、英国和联合国教科文组织下属的国际地球科学项目部，都存在合作的可能。

然而，这些受访者也意识到国际合作面临的挑战。与 NSF 的典型项目相比，国际项目持续的时间更长，EAR 的一些项目主管感言，有些合作项目因为主管部门领导发生变化，才刚刚启动就面临终止。各国的预算、财政管理和项目监督环境也可能有很大不同。NSF 内外机构项目主管的轮换，也会给合作关系的维持带来困难。另一个问题是，国际合作会增加项目主管的工作量，特别是当 NSF 牵头负责审查的时候。此外，数据的获取仍然是国际合作关系的一个挑战，因为并非所有国家都有与 NSF 相同的数据政策。

与 GEO 其他部门相比（如 OCE、OPP），EAR 拥有的研究计划更多（7 个），且每个计划都覆盖一个学科领域。这种组织结构增强了研究计划工作人员和特定核心学科研究人员之间的紧密联系，同时这也是支持个人和小组展开协作的重要

① 参见 https://www.nsf.gov/funding/pgm_summ.jsp?pims_id=505241[2019-12-20]。
② 参见 http://www.belmontforum.org[2019-12-20]。

机制。EAR 在保持学科研究计划这一优势的同时，也鼓励和支持跨学科的研究
（如，FRES[①]项目）。这是 EAR 内部支持跨学科领域研究的一个重要机制。然而，
考虑到地球系统在时间和空间上跨度很大，EAR 希望能通过其他方法来增加资助
的灵活性，以支持跨 GEO 部门的多学科研究。

灵活的 EAR 能够快速响应基础科学和跨学科研究中不断变化的前沿。

鉴于地球科学的日益全球化，EAR 资助的研究者将受益于国际合作。

2. OCE

为了更好地理解 EAR 和 OCE 之间的关系，委员会与 OCE 部门主任特里·奎
因（Terry Quinn）、海洋科学科室负责人坎达丝·梅杰（Candace Major）进行了会
谈。EAR 和 OCE 在沿海环境和俯冲带等领域有较为成功的合作，涉及地震学、
大地测量学、构造学、地球化学、火山学和古气候学等学科。这两个部门在裂谷
与俯冲边缘的地球动力学过程（GeoPRISMS）[②]和 P2C2[③]两个项目上，已经在开
展合作。俯冲带研究由 EAR 和 OCE 共同资助，EAR 资助了 SAGE 和 GAGE 项
目中与科考航行相关的试验研究经费。此外，由项目主管组成的工作组也在研究
EAR 和 OCE 如何在海岸带领域进行更好的合作。

对大陆和海洋环境之间联系的研究（跨越海岸线项目）有可能推动很多关键
的研究问题取得进展，例如从地球内部动力学到水-生物地球化学循环、生物多样
性、气候（古气候和未来气候），再到降低地震、火山和海啸带来的风险。要获取
保存在洋盆中的大陆构造和表层过程的沉积记录，必须与 OCE 和国际合作伙伴
［如国际大洋发现计划（IODP）的参与成员］建立合作。描述地形和水位变化是
另一个可能的合作领域，海水入侵和风暴潮对浅海化学和沿海陆地水质的影响也
是如此。降水、海洋盐度变化和海陆间水的传输，三者之间错综复杂的联系也为
EAR 与 OCE 和 AGS 建立合作提供了机会。

3. AGS

为了更了解 EAR 和 AGS 之间的合作关系，委员会与 AGS 的部门主任安
朱利·班扎伊（Anjuli Bamzai）进行了会谈。EAR 与 AGS 在资助古气候学（通
过 P2C2 项目）、气候和大尺度动力学以及气象学研究方面存在合作。然而 EAR

---

① FRES 项目将支持从地核到关键带的地球系统研究。该项目可以在整个时间和空间尺度范围内，关注
整体或部分地表、大陆岩石圈、深部组成的地球系统。FRES 项目的科学视野和预算应该比 EAR 学科项目资
助的项目更大。FRES 项目可能是跨学科研究，它不适合在 EAR 的学科项目内进行，也不能通过 EAR 的跨学
科研究项目进行常规管理。资料来源：https://www.nsf.gov/funding/pgm_summ.jsp?pims_id=504833 [2020-3-30]。

② 参见 http://geoprisms.org[2019-12-20]。

③ 参见 https://www.nsf.gov/funding/pgm_summ.jsp?pims_id=5750[2019-12-20]。

似乎没有充分利用 NCAR 提供的研究机会。在大气化学、高层大气物理学、
磁物理学等领域，尽管 EAR 和 AGS 当前的合作不多，但是他们已在水文气
象学和水文气候学等学科，以及洪水、陆表-大气耦合、与地震活动有关的微
量气体排放等研究课题上开展了合作。由于 NCAR 的任务是开发和维护学术
界支持的地球系统模式（ESMs），目前在发展陆地模式方面投入了大量的资
金。陆地模式中发展活跃的领域与 EAR 的一些学科项目和跨领域项目有直接
交叉，尤其是在水文科学、地貌学与土地利用动力学，以及 CZNet 项目方面。
陆地模式对于理解陆地系统对气候和土地利用变化的响应越来越重要，它们
从 EAR 资助项目收集的数据中获益良多。EAR 可以通过和 AGS 合作，揭示
地球内部磁场的基本特征，以及磁场如何影响空间天气，并加强古气候和水
循环的跨学科研究。他们之间其他的可能合作内容，还包括用来准确估计暴
露年龄和放射性碳测年的宇宙成因核素的校正问题，以及影响天文周期和轨
道强迫的磁场强度问题。

4. OPP

为了掌握 EAR 和 OPP 之间的合作关系，委员会采访了 OPP 的南极科室负责
人亚历克丝·艾森（Alex Isern）。虽然这两个部门近十年来没有正式合作过，但
是 OPP 有努力促成合作的意愿。OPP 支持的 PASSCAL 仪器中心和 GAGE 项目，
EAR 也都给予了共同资助。OPP 还与 GEO 其他处一起参与了 P2C2 项目。由于
两极地区的后勤保障工作有较大难度，所以极区的地球科学项目是由 OPP 而不是
EAR 资助的。如果双方有共同感兴趣的科学问题，例如在格陵兰或加拿大北极地
区有项目，那么这两个部门就可以自然而然地进行联合提议。另一个可能的合作
就是继续让 EAR 项目主管与 OPP 沟通细节，正如之前所做的那样。关于冰冻圈
水循环问题的合作是一个新的研究前沿，反映了 OPP 和 EAR 之间研究兴趣的相
关性。他们的合作可能会把冰冻圈的观测和下列问题整合起来：冰川下的水流、
冰川和融雪径流、永久冻土和冻土的水文变化、极地生态水文学（与 BIO 也有交
叉合作）、冰雪物理和极地遥感（见专栏 4-2）。对气候变化如何影响极地地区的认
识变得越来越重要，在这个领域，EAR 所支持的研究可以提供关键的知识基础。
NSF 的十大创意之一"探索新北极（NNA）"项目，会用到北极地区之外的知识，
这可以更好地支持 OPP 和 EAR 科学家之间的合作。

5. GEO

GEO 副主任威廉·伊斯特林（William Easterling）概述了 GEO 当前和未来的

合作伙伴关系。他指出，海岸带、气候、水、能源和地质灾害仍将是 GEO 的主要研究方向。他同时强调了 CoPe、GeoPRISMS、INFEWS、SitS、NSF 十大创意中的几个创意（GCR、NNA、HDR）项目以及 GEO 在国际合作方面取得的成功。伊斯特林博士还提到了 GOLD 和 IUSE 这两个项目。最后，他强调 EAR 需要更好地向决策者和公众阐明并宣传其研究的重要性。

专栏 4-2　利用遥感资源：OPP 与 EAR 的可能联系

OPP 对明尼苏达大学的极地地理空间中心（PGC）给予支持。PGC、俄亥俄州立大学一直与国家地球空间情报局（NGA）有合作，他们制作了极地地区 2 m 分辨率的数字表面模型（DSMs），并已经对北极和南极地区进行了平均 10 次的成像。这个团队现在正在使用 NGA 授权的图像、开源摄影测量软件和 NSF 高级信息基础设施办公室提供的高性能计算，来制作整个地球的数字表面模型。

尽管 PGC 提供的数字表面模型在分辨率上不如激光雷达图像，但它具有成本更低、在全球范围内能快速获取的优点。此外，随着时间的推移，可以很容易地重复成像，从而有机会观测地质特征和地貌的变化，包括自然灾害（例如地震、火山喷发、山体滑坡、洪水）发生前后的图像，以及对某一种特定环境产生影响的缓慢变化。PGC 是一个灵活、创新的研究中心，它通过技术革新，在自然灾害发生时可迅速做出反应。这些数据对于 EAR 研究人员具有非常重要的价值。

2017 年，为了响应学界对 EAR 与 OPP 合作的需求，曾举行过一个研讨会（Hodges et al., 2020）。高分辨率卫星图像与地形学、地质灾害、关键带、气候与环境变化等优先科学问题息息相关，PGC 收到了大量来自 EAR 研究人员对于图像的需求，但目前 EAR 研究人员仍无法获得高分辨率（小于 2 m）的卫星图像及相关产品。虽然 PGC 正在全球范围内获取动态性区域的图像，包括海岸线、火山、板块边界、长期生态研究站与关键带观测站，以及其他与 EAR 研究密切相关的设施所获得的图像，但目前 EAR 研究人员还没有获取非极地地区图像的申请途径。

---

6. 跨 GEO 层面

如前所述，EAR 与 GEO 总体建立了强有力的合作关系。然而，随着跨学科和跨领域的研究不断增加，官方或非官方合作将不断加强和扩大。由于地球科学研究跨越了 NSF 组织结构上的界限，要在优先科学问题上取得重要突破就需要与其他学科进行合作，因此 EAR 应该考虑如何为加强跨 GEO 部门的多学科研究减少障碍。

一个需要考虑的重要因素是，在评估跨部门项目时，应该考虑它们是否实现了科学目标或对核心学科项目有帮助。比如，委员会就担心一些跨学科项目在刚取得实质性成果时就结束了。伊斯特林博士提出，只要把一些跨学科项目重新引导为学科项目，研究工作就可以在特定项目结束后继续进行。

地球系统的组分并非像 GEO 各部门一样有行政界限。

建议：EAR 应该与 GEO 其他处和其他机构合作，为跨界的海岸带、高纬地区、大气-陆地界面等交叉科学研究提供资助。

4.1.2　跨部门层面的合作关系

委员会还听取了来自工程学部化学、生物工程、环境及传输系统处（CBET）的项目副主管布兰迪·肖特尔（Brandi Schottel）、生物科学部环境生物学处的项目主管肯德拉·麦克劳克兰（Kendra Mclauchlan）、计算机与信息科学及工程部先进信息基础设施办公室的项目主管埃米·沃尔顿（Amy Walton），以及国际科学与工程办公室的集群负责人杰茜卡·罗宾（Jessica Robin）的发言。贯穿讨论始终的有两个主题，一是 EAR 与 NSF 其他部门已经建立了成功的合作关系，二是 EAR 富有成效地参与了跨部门、跨机构和跨国的合作。下面将讨论其中的几个例证。有几位代表提出，INFEWS 是一个由 EAR 领导的旗舰合作项目，它成功地利用了各个项目的预算资源，来解决各界都感兴趣的科学和社会问题。SitS 也被认为是一个成功的跨部门合作项目。

EAR 还通过 CAS 项目，与数理科学部（MPS）的化学处（CHE）和材料处（DMR）建立了项目合作关系。相关建议书可以解决可持续发展过程中的关键问题，例如，可持续能源基础设施对稀缺矿物等原材料的需求不断增加。其他相关的领域包括：发现地球表面关键矿产的新来源，探究交代过程和生物地质过程导致关键元素富集的途径，以及关键矿产的可持续开采与提取。

EAR 的未来合作机会依旧存在。例如，CBET 为增进对城市化相关变化的理解，提出了一项关于地球科学应用的计划——21 世纪的城市系统和社区[①]。古气候研究本质上是一门合作性的学科，它跨越了 EAR 内部和外部的多个项目。探索从远古到现在的气候与环境变化的地球科学家们，可以与众多负责应对气候变化的联邦机构建立良好的合作关系。鉴于气候记录可以从陆地、海洋和冰川档案中

---

① 参见 https://www.nsf.gov/ere/ereweb/urbansystems[2019-12-20]。

恢复或重建，因此 GEO 内的不同项目之间存在许多联系。此外，一些跨领域项目，如 CoPe、P2C2 以及综合社会-环境系统动力学（DISES）之间也有着天然的联系。同样，NSF 其他部门也陈述了国际合作的重要性。

本报告中概述的众多研究问题都对高性能计算能力提出了需求，包括用最先进的硬件、软件工程和计算科学描述小尺度过程对大尺度现象的影响，并使用多种观测结果来约束地球的多尺度和多物理模型。EAR 与 CISE 虽然合作开展过一些工作，但在发挥计算地球科学的全部潜力方面仍存在很大的空间。这些工作需要与计算科学家及工程师开展深度合作，需要开发新的数据管理和处理方法。加强地球科学专业学生的计算能力，也是 EAR 与 EHR 下属的本科生与研究生教育处（DUE 和 DGE）的一个合作机会。

共同资助跨学科项目与合作关系也面临新的挑战。要规划和管理这些项目需要项目主管有足够多的时间。一些部门会有一位专门负责跨部门和国际项目的主管，来自 CBET 的布兰迪·肖特尔（Brandi Schottel）就是其中的一位。跨部门联合评审建议书的过程通常是科学家们关心的问题。地球科学界普遍持有一种观点（也是在学界反馈的意见中多次提到的），就是让多个小组评审建议书会降低通过率，当建议书要被不止一个 GEO 相关部门审议时，要获得资助会存在很大障碍。然而，NSF 的代表人员表示，他们的数据并不支持这个观点。NSF 与研究人员在这方面存在分歧，因此有必要加强沟通，来纠正联合评审建议书会导致成功率较低的看法。

4.2　与其他联邦机构的合作关系

当存在强烈的共同利益以及学术界的充分参与时，跨机构的合作关系才能取得最佳效果。想要确定 NSF 和其他机构在哪个研究领域更值得合作可能不太容易，因为任务型机构在资助研究课题方面的灵活性往往不如 NSF。然而，研究合作一旦达成，就会带来良好的效益。一个显而易见的好处是成本被分摊了，另一个好处是通过证明 NSF 资助的研究能够支持其他机构的任务目标从而扩大了 NSF 的影响力。合作关系的主要障碍之一就是行政上的工作量。由于不同机构具有不同的任务，合作项目的不同部分需要由不同的机构来支持。

其他几个联邦机构也在资助并推进地球科学的基础研究和应用研究。USGS 支持地质制图、火山、地震、滑坡和其他地质灾害，以及水资源、海岸带和海洋地质、空间天气的研究。NASA 支持利用卫星任务和地基仪器开展包括冰冻圈、地表过程、水文学和生态系统在内的陆地研究。NASA 还在地球生物学、低温地球化学、天体生物学和行星地质方面有一些稳定的项目。DOE 则提供了在国家实验室使用同步辐射装置的机会,并支持一些重要的地表过程研究领域的野外项目。USDA 支持与农业、林业和水资源管理方面相关的研究,包括土壤和沉积物、土地覆盖变化以及碳循环和水循环。图 4-1 列出了联邦机构在地球科学基础研究和应用研究方面的资助情况。

委员会会见了 USGS 自然灾害任务区(NHMA)副主任戴维·阿普尔盖特(David Applegate)、NASA 地球表层与内部过程重点领域(ESI)项目科学家杰拉尔德·鲍登(Gerald Bawden)、NASA 天体生物学家玛丽·沃伊特(Mary Voytek)和 USDA 国立食品与农业研究院(NIFA)国家项目负责人南希·卡瓦拉罗(Nancy Cavallaro)。此外,委员会成员还采访了 DOE 科学办公室下属的化学、地球科学与生物科学处(CSGB)的地球科学项目经理吉姆·拉斯塔德(Jim Rustad)以及 NASA 的 ESD 代理副主任葆拉·邦滕皮(Paula Bontempi)。

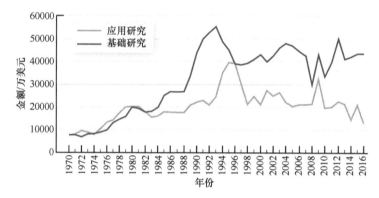

图 4-1 联邦研究机构对地球科学研究的资助

注:蓝色表示基础研究;橙色表示应用研究。资料来源:NSF NCSES 的联邦机构研发经费调查(2016-2017 财年)。参见 http://www.nsf.gov/statistics/fedfunds[2019-04-16]

4.2.1 USGS

USGS 内部有许多与 EAR 合作的机会,包括对地震和火山监测网、灾害研究和俯冲带科学计划等多个数据集的利用,以及在火山灾害计划(VHP)上的合作。USGS 有一个关于地震过程与影响的外协项目,并与 EAR 共同资助 SCEC[①]。作为 ANSS 的一部分,USGS 还在全美各地运营区域地震监测网络,这是一个合作性质的工作,负责分析地震和大地测量数据、在地震发生时发布可靠的通知,以及收集用于地震研究和灾害风险评估所需的数据(USGS,

---

① 参见 https://www.scec.org[2020-1-28]。

2017）。USGS 同时还与 NSF 和 IRIS 合作运营全球地震网络，该网络利用分布
在全球范围内超过 150 个地震台站的数据，监测全球范围内的地震活动。在大
多数情况下，地震仪与其他传感器（如微气压计、风速计、磁力计和 GNSS 接
收器）一起组合，构成地球物理观测网络。

USGS 的 VHP 与火山学家之间有着重要的合作关系，许多 USGS 的火山学家
参与了由 NSF 资助的 CONVERSE 研究协调网络（属于 SZ4D 的一部分）。目前
VHP 为火山研究与监测方面的合作提供资助，并在全美范围内运行火山观测站及
地震网络。USGS 的国家火山早期预警系统（Ewert et al.，2005，2018）旨在将联
邦政府对火山科学的投入增加一倍，包括扩大合作协议上的项目，以及对学术合
作伙伴的火山研究提供资助。

USGS 的鲍威尔数据融合与分析中心与包括 EAR 在内的 NSF 建有合作
关系。该中心为工作团队能够利用现有数据，推动与 USGS 任务相关领域的
科学研究提供了机会。其中一些领域与 EAR 的核心学科项目密切关联，包
括自然灾害、水和土地资源以及能源和矿产资源。

在地磁灾害和空间天气等主题上，USGS 和 EAR 之间也有合作。USGS 长
期致力于水文地球物理学研究，因此在关键带和近地表研究领域是一个合适的
合作伙伴，特别是在第 3 章讨论的近地表地球物理设施和大陆关键带计划有关
的研究方面。

4.2.2　NASA

《在不断变化的星球上蓬勃发展：太空对地观测十年战略》（NASEM，2018）
为 NASA 地球科学部（ESD）的研究提供了理论基础。其中，最重要的优先科
学问题包括以下几个方面：量化含水层和储水层中水的储量，影响海平面上升
的过程，火山喷发、地震和山体滑坡等陆地变形的过程以及它对人类生命和财
产安全的影响，陆地植被状况的变化及其对生物多样性和生物地球化学过程（包
括甲烷和二氧化碳的源汇及它们的未来变化）的影响。上述优先科学问题和本
报告重点问题的一致性表明，EAR 与 ESD 的 ESI 可以将飞机与航天器的大规模
观测与地面观测结合在一起，双方有可能建立新的合作关系。相比每个研究机
构仅仅支持自己的研究人员和研究项目而言，这种强有力的合作可以更全面地
了解关键的地球过程。

除了为 NSF 支持的 GAGE 提供补充经费外，NASA 的 ESI 对理解俯冲带过程
也有浓厚的研究兴趣。NASA 的研究人员参与并与 SCES 共同资助了几个试点项
目，同时还参与了由 NSF 资助的 CONVERSE 研究协调网络。他们还促进了 NSF

支持的 MCS 研究协调网络（属于 SZ4D 的一部分）与 NASA 高端计算资源和专业知识之间的联系。

　　尽管 NASA 天体生物学项目的主要研究目标是地外星体，但其起点是通过各种研究来理解地球，如从生命起源到高等生命演化、地外撞击及其对太阳系形成与演化的影响。该项目的兴趣点（NASA，2015）与关键元素、生物地球化学循环和生物多样性问题（包括生命的演化和地球的宜居性）非常一致。其战略目标的相关主题包括有机化合物的非生物成因、大分子在生命起源中的作用、早期生命复杂性的增加，以及生命与环境的协同演化。与这四个主题相关的研究包括许多在地球上进行实验的研究场所[①]，以及用地球上的材料开展的实验。与天体生物学项目形成互补的研究目标也为合作提供了机会。

　　NASA 同时也看到了数据领域的合作潜力。例如，受 NSF 资助的研究人员可以使用来自对地观测卫星的大量数据。来自 NASA 任务的超高分辨率数据集是火山研究中未被充分开发的资源。为长期测量大陆地形、大陆架深度以及土壤湿度和植被覆盖率，EAR 与 NASA 发展合作关系是很有必要的。他们可以在地磁场卫星测绘方面开展合作，以便监测磁场短期变化（如地磁急变），以及陨石和月球样品的磁化问题。NASA 研究人员直接参与 NSF 项目时面临的障碍之一是 NSF 不接受来自联邦政府的员工或联邦政府所资助的研发中心（如喷气推进实验室）的建议书。

4.2.3　DOE

　　DOE 的科学办公室通过基础能源科学项目对基础设施进行了大量投资，包括用于地球科学研究的同步辐射装置。目前 DOE 共有三个同步加速器作为用户设施在运行，包括劳伦斯伯克利国家实验室的 ALS、布鲁克海文国家实验室的 NSLS-II（于 2015 年建成）和阿贡国家实验室的 APS。

　　DOE 根据建议书为用户免费提供同步加速器的光束线使用时间。独立 PI 团队在 GSECARS 设备上进行的研究，其经费通常受 NSF 资助，涵盖了几乎所有的学科项目，尤其是岩石学、地球化学、地球生物学、低温地球化学和地球物理学。NSF 的 COMPRES 致力于研究地球内部，特别是岩石与矿物物理学。COMPRES 为 DOE 的三个同步加速器用户设施提供支持，包括人力资源和小型的基础设施开发项目。

---

① 参见 https://astrobiology.nasa.gov/research-locations[2019-12-20]。

为了理解地球内部过程，DOE 的国家核安全局（NNSA）建立并运行着一些用于材料动态压缩的设施。这些设施包括国家点火装置（NIF）和 OMEGA 激光能量学实验室（LLE）。桑迪亚国家实验室的"Z 机"和新研发的 THOR 仪器都是脉冲功率动态压缩系统，APS 则正运行着一个新建的动态压缩实验设施。尽管与DOE 的基础能源科学用户设施相比，EAR 研究人员使用这些设施的机会有限，但这些设施可以用来研究新温压条件下的地球和系外行星的内部过程，尤其是斜坡压缩实验，研究人员仍有许多利用它们进行研究和探索的机会。

DOE 的气候与环境科学处（CESD）对流域功能研究很感兴趣，并专门运行着一个可供 NSF 研究人员使用的研究基地（见专栏 4-3）。它在生物与环境研究方面的任务是支持下一代生态系统实验研究（2012～2022），以进一步理解富含碳的北极系统的相关过程以及北极对气候的反馈。地表过程研究是这项工作的核心。DOE 能源效率与可再生能源办公室（EERE）管理着地热能前沿观测研究计划（FORGE）的一个试验点，这是一个旨在创建增强型地热系统的多年期实验。NSF通过与 DOE 在该试验点的合作，可以获得数据以及对仪器与地下样品的访问权限。DOE 在一些废弃矿井中也有一些地下研究点，如劳伦斯伯克利国家实验室位于南达科他州前霍姆斯特克矿山（Homestake Mine）的 DUSEL 实验室，该站点也得到了 NSF 的支持。这些站点可以在岩石力学、流体力学、矿床系统等方面拓展出新的研究途径。EAR 与 DOE 还可以在能源开发方面建立合作关系，如关键矿产、地热过程以及与能源开发有关的诱发地震等。

DOE 通过计算理论与实验创新（INCITE）项目的高性能计算资源，为研究人员提供计算时间，并为阿贡领导计算设施（ALCF）和橡树岭领导计算设施（ORLC）提供支持。

DOE 的国家能源技术实验室（NETL）为 EAR 研究人员感兴趣的许多领域提供支持，包括与流体注入及提取有关的地表变形和诱发地震、储层表征及技术开发。该实验室与工业界保持着广泛联系，有助于促进学术界和工业界在这些领域及其他相关领域开展合作。

NASA、DOE 和 USGS 为 EAR 的研究能力提供了重要支持。

专栏 4-3　多方合作创建科研平台，加深对流域功能及关键带的理解

2016 年，DOE 的 CESD 组织了一个科学重点领域（SFA）项目，旨在加深对以下问题的理解：流域如何保持、储存和释放水分，以及物理、化学和生物过程与性质变化如何改变流域系统的水文和生物地球化学循环，例如浓度和流量的关系。SFA 的模式源于 NSF 的关键带观测项目（于 2020 年结束），聚焦于单个地点开展多学科攻关。在劳伦斯伯克利国家实验室地球与环境科学领域（EESA）的带领下，SFA 的流域功能项目已经在位于科罗拉多州克雷斯特德比特（Crested Butte）上游的东河流域研究点建设了大量基础设施[①]。东河是科罗拉多落基山脉的上游水域，面积约为 300 km^2，流入甘尼森河。项目在基础设施方面所做的主要投资包括安装地面天气观测站、水文站、地下水井和压力传感水质探测器，以及对河水同位素的连续测量。除了在基础设施方面开展监测外，项目还支持在整个东河流域进行大规模的近地表地球物理勘查，获得的机载遥感数据主要包括来自 NASA 空中积雪观测站（ASO）的激光雷达数据和来自 NEON 机载观测平台（AOP）的高光谱图像。流域功能项目在创建之初就提议在学界开发一种流域模型，让大学和其他机构的研究人员既可以从数据采集设备的重大投资中受益，也可以为 SFA 广泛的基础性发现做出贡献。该模型已经启动，通过门户网站提供实时收集的数据，并为提交建议书给资助机构（包括 NSF、DOE 和 NASA）的研究人员提供支持。大学研究人员在东河流域的工作已经得到 DOE 和 NSF 的资助。这种流域研究方法将研究区域作为一种基于现场的用户设施，是对关键带观测网络的补充。流域功能项目为机构间的合作模式提供了范例，这可以使多方机构和更广泛的科学界实现互惠互利。

4.2.4 USDA

目前，EAR 与 USDA 的合作关系，主要是与其下属的 NIFA 的合作（例如，SitS 和 INFEWS 项目）。过去他们曾就粮食、水和能源问题开展过合作，未来他们将有机会在粮食安全、水、土地利用、生物多样性和可持续发展等紧迫的全球性挑战方面进行合作。他们在全球土壤合作、土壤数据库接口和关键带研究方面也存在合作机会。NIFA 对一些项目提供了 5～10 年的资助，因此有机会建立长期的合作关系。

农业研究服务局（ARS）为水资源管理、泥沙沉积和土壤方面的广泛研究提供支持。ARS 的实验流域为 EAR 研究人员提供了研究场所，他们合作安装了新的观测仪器，并进行现场考察，包括对土壤和植被进行的破坏性采样和实验研究。一个典型的合作案例是将雷诺兹溪关键带观测站（RC CZO）安置在雷诺兹溪实验

---

① 参见 https://doesbr.org/research/sfa/sfa_lbl.shtml[2019-12-20]。

流域（RCEW）。此外，ARS 的国家泥沙实验室（NSL）保持着一个流域物理过程的研究项目，重点开展对土壤侵蚀机理和河道沉积物运移的研究。

美国林务局（USFS）的实验林与草原（EFR）生态网络体系研究在深化理解生态、水文和地貌过程，以及森林、草原如何与这些过程相互作用发挥着重要作用（Hayes et al.，2014）。这些站点的大规模实验研究（例如伐掉一个流域中的所有树木并监测其后果）揭示了地表过程和生态系统之间的重要联系，并为土地管理提供了科学指导。全美 84 个样点中一些站点进行的连续监测，提供了独一无二的多年观测数据。9 个关键带观测站有 6 个位于 USFS 的土地上。

4.2.5　土地管理局

土地管理局（BLM）为 EAR 研究人员提供了重要的野外研究场地。约 3400 万英亩[①]的国家保护区（National Conservation Lands）专门邀请研究人员到他们管理的荒野、国家纪念地、保护区以及野生风景河流等地区进行研究。这些区域的气候和生态系统各不相同，大部分位于西部，提供了宝贵的野外研究环境。例如，RC CZO 和 ER CZO 都位于 BLM 的土地上。

4.2.6　史密森学会

史密森学会（Smithsonian Institution）的藏品，特别是古生物学和矿物学藏品，为地球科学家提供了重要的资源。无论是谁提供了经费，研究者都可以访问这些藏品。此外，史密森学会还为本科生、研究生以及博士后提供实习机会与奖学金。它还运营一个全球火山活动研究项目，其使命是"记录、理解和传播有关全球火山活动的信息"[②]。

4.2.7　新的合作可能性

在未来，许多联邦机构都可能成为 EAR 的高效合作伙伴。美国国防部（DOD）对气候变化、食品安全、海岸带恢复都有兴趣，这与 EAR 的部分研究项目相吻合。例如，美国国家地球空间情报局（NGA）利用卫星图像来评估地球表面的特征，这与许多 EAR 研究人员的工作相辅相成。随着科学家越来越多地使用无人机开展

① 1 英亩≈4046.86 m²。
② 参见 https://volcano.si.edu/gvp_about.cfm[2022-3-18]。

研究，EAR 可能希望与联邦航空管理局（FAA）合作，为无人机的操作制定一些适合的政策。在新兴的地球健康领域，EAR 可以与 NIH 合作，帮助 NSF 利用生物地球化学、水循环或者污染物迁移转化等基础研究成果为人类健康服务。美国陆军工程兵团（USACE）对水文学研究和应用很感兴趣，这也是与 EAR 研究互补的领域，而且 EAR 在地质灾害研究方面具有的强大专业知识背景，可以很好地满足 USACE 在抗洪减灾和堤防维护，以及联邦应急管理署（FEMA）在信息、培训和响应能力等方面的需求。此外，在水循环、海啸和灾害等领域，EAR 与 NOAA之间也存在潜在的合作关系。科技政策办公室（OSTP）的委员会和下属委员会（例如与水质、关键矿产和灾害相关的委员会）或许是发展和加强这些合作的潜在选择。学界在问卷反馈中还提到，应与美国教育部（ED）就一些主题开展更多的合作，包括扩充 K-12 教育中的地球科学课程、建立国家地球科学教育标准，设立更多的研究生和博士后项目等。

建议：EAR 应该积极与 NSF 其他部门和其他联邦机构合作，促进面向社会的创新研究。

4.3　结论性意见

多个联邦机构的基础研究和应用研究与 EAR 关联交叉。这些交叉点为跨机构合作提供了机会，从而可以更充分地利用设施设备、优化预算支出、促进人才队伍发展，以及扩大数据在科学研究中的应用。同时，由于各个机构的目标和使命存在差异，这给合作带来了挑战。虽然在这些领域小心谨慎一些很重要，但在资源有限的情况下，与其他联邦机构的合作将为壮大研究事业从而造福社会提供机遇。

参 考 文 献

Ewert, J. W., M. Guffanti, and T. L. Murray. 2005. An assessment of volcanic threat and monitoring capabilities in the United States—Framework for a national volcano early warning system. U.S. Geological Survey Open-File Report 2005-1164. 62 pp.

Ewert, J. W., A. K. Diefenbach, and D. W. Ramsey. 2018. 2018 update to the U.S. Geological Survey national volcanic threat assessment. U.S. Geological Survey Scientific Investigations Report 2018–5140. 40 pp. DOI: 10.3133/sir20185140.

Hayes, D. C., S. L. Stout, R. H. Crawford, and A. P. Hoover (eds.). 2014. USDA Forest Service Experimental Forests and Ranges: Research for the Long Term. Springer. 666 pp. DOI: 10.1007/978-1-4614-1818-4.

Hodges, K., R. Arrowsmith, M. Clarke, B. Crosby, J. Dolan, D. Edmonds, M. Gooseff, G. Grant, I. Howat, H. Lynch, C. Meertens, C. Paola, J. Pundsack, J. Towns, C. Williamson, and P. Morin. 2020. Report on Workshop to Explore Extended Access to the Polar Geospatial Center by NSF

Earth-Science Investigators. St. Paul, Minnesota. University of Minnesota Polar Geospatial Center, 20 pp. https://www.pgc.umn.edu/files/2020/01/Report-onWorkshop-to-Explore-Extended-Access-to-PGC-by-NSF-Earth-Science-Investigators.pdf (accessed December 8, 2019).

NASA (National Aeronautics and Space Administration). 2015 Astrobiology Strategy. 236 pp. https://nai.nasa.gov/media/medialibrary/2016/04/NASA_Astrobiology_Strategy_2015_FINAL_041216.pdf(accessed July 26, 2019).

NASEM (National Academies of Sciences, Engineering, and Medicine). 2018. Thriving on Our Changing Planet: A Decadal Strategy for Earth Observation from Space. Washington, DC: The National Academies Press. https://doi.org/10.17226/24938.

USGS (U.S. Geological Survey). 2017. Advanced National Seismic System—Current status, development opportunities, and priorities for 2017-2027 (ver. 1.1, July 2017). U.S. Geological Survey Circular 1429, 32 pp. DOI: 10.3133/cir1429.

第5章　地球科学十年愿景

地球科学对于揭示地球从地核到大气的运作机制至关重要。EAR 的使命比以往任何时候都更为重要和紧迫，这是因为快速的变化带来了巨大的影响，而科学认知的不断进步可以使社会更好地应对地球变化所带来的挑战。例如，人们可以考虑遥感影像对地震、火山科学或地貌演化的影响，对地球物质的性质有了更深刻的理解后所带来的结果，以及关于陆地、水文、生物和大气系统之间复杂相互作用的新认识。

为了推动未来十年的重大发现，对于将地球视为一个综合系统的研究，EAR 可以加大支持。在这个"众志成城"的时刻，我们需要一个多元、包容的地球科学家团队，他们既可以独立工作，又可以合作共事，在一个有利于取得成功的开放环境中，做出前沿理论、计算工具和野外方法技术的创新。一支不断壮大的有活力的创新型地球科学研究队伍，将有助于我们进一步理解人类活动如何驱动地球发生了根本性的变化，包括人类活动对公共卫生的影响，并利用新技术和新方法来减少这些活动对自然和社会带来的影响。

《时域地球——美国国家科学基金会地球科学十年愿景（2020～2030）》这个报告概述了地球科学的一些新兴计划和研究方向，同时报告也注意到，这个快速变化的学科也将朝着人类未知的方向发展。未来在多元化与包容性方面的进步将有可能改变我们的研究内容与研究方式——通过开启新的视角和为研究问题建立新的框架，例如为公众参与科学创造机会、使决策者和公众更容易获得信息等。委员会展望了一个光明的前景：学术界、工业界、政府和非政府组织中的学生和科学家将更准确地反映出美国的人口特征，性别平等问题得到改善，代表性不足的少数族裔的参与度增加，个人、文化、社会经济地位和身份等各方面的代表性得到提升，整个社会充满活力。随着学术界包容性的增加，地球科学家将能够与受影响的群体进行更深入的接触，以解决具有重要意义的社会问题，例如，美国西海岸的地震灾害预警问题，或减缓墨西哥湾沿岸地区海平面上升的问题。地球科学领域将从越来越多样化的视角中受益，就像它从计算地球科学和高精度仪器的发展中受益一样。

地球科学在数据获取、管理和使用方面处于前沿水平。结合新的分析和计算技术，这些全新、丰富的数据将会为我们带来前所未有的发现和进步。新技术将帮助 EAR 研究人员突破目前阻碍研究事业发展的学科、组织和行政界限，同时还将加强与 NSF 其他部门、联邦机构和国际伙伴的合作。促进、采纳和扩大对数据、技术、方法和观点的获取与发展，是未来十年愿景的核心所在。

本报告概述的优先问题阐述了未来十年地球科学研究面临的挑战与机遇的重要性、广度及深度。这些问题是可研究的、多样的和独特的；它们涉及地球深部过程、地质灾害以及复杂的地表和近地表系统，这个系统越来越被认为是彼此相互交织和影响的。优先问题包括表层的地貌演变以及深水和浅水系统的联系，强调了理解关键带、气候以及其他地表和近地表系统相互作用的重要意义。这些科学问题与生命的持续存在息息相关，并将人类营力视为地质要素，因此需要多学科的研究方法。

委员会希望未来 EAR 支持的研究能够对以前无法预测的破坏性自然灾害事件，在可以降低风险的时间尺度内进行常规、准确的预测。为帮助实现这一目标，EAR 将加强与其他联邦机构和组织的合作，使 NSF 支持的新研究能更快地投入应用。如果地球科学家调查并量化所有的地质灾害，包括从几乎无法觉察的事件到最极端的事件，并且能对控制这些事件的复杂相互作用的地球系统基本因素发展出新的认识，那么就有可能实现更加准确的预测。

在未来十年，科学家们将加深对地球深部过程和板块构造的认识。如果再加上对岩石-水-大气相互作用的研究，就能进一步阐明二氧化碳和其他气候驱动要素在短期（人类尺度）和长期（地质尺度）时间尺度上的规律，从而提高对不同地球储库中关键元素分配的理解。此外，更好地掌握地质体系中控制关键元素分布的过程，有可能使美国减少对其他国家所提供的未来清洁能源所需的基础材料的依赖。

研究人员需要建立跨越物理边界的合作，如海岸带与地表-大气界面，特别是要研究地球对人类活动引起的气候变化和土地利用变化的响应。水循环、植被演替、农业和宜居性随纬度而改变的问题要求研究人员跨越学科界限开展工作，并能得到灵活的体制机制的支持。这里提出的问题和举措将会加深我们对不断变化的地球的理解，并提高我们制定可持续对策的能力。地球科学需要超越传统界限进行更广泛的联系和整合。

尽管这份报告是在一场扰乱我们生活的全球性大流行病期间完成的，但报告的总体观点是乐观的。将地球作为一个相互联系的系统进行研究，EAR 在引领该研究的道路上进展顺利，因此已经准备好启动下一个十年的创新研究。如果能在前沿分析、计算和其他设施方面加强开发和应用，进而带来科学突破，那么地球科学家们将在未来扮演重要角色，这将改变我们对地质过程（从纳米级尺度到全球尺度、从深时到现今）的理解，并对地球生命的未来产生深远影响。

英文缩写表

ACI—先进信息基础设施处（Division of Advanced Cyberinfrastructure）

ADBC—促进生物多样性收藏数字化（Advancing Digitization of Biodiversity Collections）

AGS—大气与地球空间科学处（Division of Atmospheric and Geospace Sciences）

AGU—美国地球物理学会（American Geophysical Union）

ALC—亚利桑那州激光测年中心（Arizona LaserChron Center）

ALCF—阿贡领导计算设施（Argonne Leadership Computing Facility）

ANSS—美国国家现代地震监测系统（Advanced National Seismic System）

AOP—机载观测平台（Airborne Observing Platform）

APS—先进光子源（Advanced Photon Source）

ARS—农业研究服务局（Agricultural Research Service）

ASO—空中积雪观测站（Airborne Snow Observatory）

ASU SIMS—亚利桑那州立大学二次离子质谱实验室（Arizona State University Ion Probe Lab）

BC CZO—博尔德溪关键带观测站（Boulder Creek Critical Zone Observatory）

BIO—生物科学部（Directorate for Biological Sciences）

BLM—土地管理局（Bureau of Land Management）

BROES—地球科学基础研究的机遇（Basic Research Opportunities in Earth Science）

CAREER—教师早期职业发展计划（Faculty Early Career Development Program）

CAS—可持续发展的关键点（Critical Aspects of Sustainability）

CASC—气候适应科学中心（Climate Adaptation Science Centers）

CBET—化学、生物工程、环境及传输系统处（Division of Chemical, Bioengineering, Environmental, and Transport Systems）

CESD—气候与环境科学处（Climate and Environmental Science Division）

CIDER—地球动力研究合作学会（Cooperative Institute for Dynamic Earth Research）

CIG—地球动力学计算基础设施（Computational Infrastructure for Geodynamics）

CISE—计算机与信息科学及工程部（Directorate for Computer and Information Science and Engineering）

CMT—全球矩心矩张量计划（Global Centroid-Moment-Tensor Project）

COMPRES—地球科学物质性质研究联盟（Consortium for Materials Properties Research in Earth Sciences）

CONVERSE—火山喷发响应社区网络（Community Network for Volcanic Eruption Response）

CoPe—海岸线与人（Coastlines and People）

CORES—地球科学研究机遇促进委员会（Committee on Catalyzing Opportunities for Research in the Earth Sciences）

CSBR—生物研究馆藏（Collections in Support of Biological Research）

CSDCO—大陆科学钻探协调办公室（Continental Scientific Drilling Coordination Office）

CSDMS—地表动力学建模系统（Surface Dynamics Modeling System）

CSGB—化学、地球科学与生物科学处（Chemical Sciences, Geosciences, & Biosciences Division）

CSSI—信息基础设施的持续科技创新（Cyberinfrastructure for Sustained Scientific Innovation）

CTEMPS—环境变化监测项目中心（Center for Transformative Environmental Monitoring Programs）

CUAHSI—水文科学发展大学联盟（Consortium of Universities for the Advancement of Hydrological Science, Inc.）

CZNet—关键带协作网络（Critical Zone Collaborative Network）

DEB—环境生物学处（Division of Environmental Biology）

DGE—研究生教育处（Division of Graduate Education）

DISES—综合社会-环境系统动力学（Dynamics of Integrated Socio-Environmental Systems）

DMR—材料研究处（Division of Materials Research）

DOD—美国国防部（U.S. Department of Defense）

DOE—美国能源部（U.S. Department of Energy）

DUE—本科生教育处（Divisions of Undergraduate Education）

DUSEL—深地科学与工程实验室（Deep Underground Science and Engineering Laboratory）

E3SM—百万兆级地球系统模型（Energy Exascale Earth System Model）

EAR—地球科学处（Division of Earth Sciences）

EarthCube—地球立方体

EarthScope—地球透镜

EERE—能源效率与可再生能源（Office of Energy Efficiency and Renewable Energy）

EESA—地球与环境科学领域（Earth & Environmental Sciences Area）

EFR—实验林与草原（Experimental Forests and Range）

EH—EAR 教育与人力资源（EAR Education and Human Resources）

EHR—教育与人力资源部（Education and Human Resources Directorate）

ENG—工程学部（Directorate for Engineering）

ER CZO—埃尔河关键带观测站（Eel River Critical Zone Observatory）

ESD—NASA 地球科学部（NASA's Earth Science Division）

ESI—地球表层与内部重点领域（Earth Surface and Interior Focus Area）

ESM—地球系统模式（Earth System Models）

FAA—联邦航空管理局（Federal Aviation Administration）

FEMA—联邦应急管理署（Federal Emergency Management Agency）

FORGE—地热能前沿观测研究计划（Frontier Observatory for Research in Geothermal Energy）

FRES—地球科学前沿研究（Frontier Research in Earth Sciences）

GAGE—促进地球科学发展的大地测量设施（Geodetic Facility for the Advancement of Geoscience）

GCR—日益融合的研究（Growing Convergence Research）

GEO—地球科学部（Directorate for Geosciences）

GI—地理信息学（Geoinformatics）

GeoPRISMS—裂谷与俯冲边缘的地球动力学过程（Geodynamic Processes at Rifting and Subducting Margins）

GMT—通用制图工具（Generic Mapping Tools）

GNSS—全球导航卫星系统（Global Navigation Satellite System）

GOLD—地球科学多元化领导机遇（GEO Opportunities for Leadership in Diversity）

GPM—全球降水测量卫星（The Global Precipitation Measurement）

GRACE—重力恢复与气候实验卫星（The Gravity Recovery and Climate Experiment）

GSA—美国地质学会（Geological Society of America）

GSECARS—地球-土壤-环境先进辐射源中心（GeoSoilEnviroCARS Synchrotron Radiation Beamlines at the Advanced Photon Source）

GSN—全球地震台网（Global Seismographic Network）

HDR—利用数据革命（Harnessing the Data Revolution）

ICDP—国际大陆科学钻探计划（International Continental Scientific Drilling

Program）

IEDA—跨学科地球数据联盟（Interdisciplinary Earth Data Alliance）

IES—地球系统整合（Integrated Earth Systems）

IF—仪器与设备（Instrumentation and Facilities）

INCITE—理论与实验创新计算（Innovative and Novel Computational Impact on Theory and Experiment）

INFEWS—粮食、能源和水资源纽带关系研究（Innovations at the Nexus of Food, Energy and Water Systems）

InSAR—干涉合成孔径雷达（Interferometric Synthetic Aperture Radar）

IRIS—美国地震学研究联合会（Incorporated Research Institutions for Seismology）

IRM—岩石磁学研究所（Institute for Rock Magnetism）

ISC—国际地震研究中心（International Seismological Centre）

IUSE: GEOPATHS—改善本科生 STEM 教育：通往地球科学的途径（Improving Undergraduate STEM Education: Pathways into Geoscience）

LacCore—国家湖泊岩心设施（National Lacustrine Core Facility）

LA-ICPMS—激光剥蚀电感耦合等离子质谱（laser-ablation inductively coupled plasma mass spectrometry）

LLSVPs—大型低剪切波速区（large low shear velocity provinces）

LTER—长期生态研究计划（Long-Term Ecological Research Program）

MagIC—磁学信息联盟（Magnetics Information Consortium）

MCS—俯冲建模协作平台（Modelling Collaboratory for Subduction）

Mid-scale RI—中型研究基础设施（Mid-scale Research Infrastructure）

MREFC—重大研究设备设施建设（Major Research Equipment and Facilities Construction）

MRI—重大研究基础设施（Major Research Instrumentation）

NanoEarth—弗吉尼亚理工大学国家地球与环境纳米技术基础设施中心（Virginia Tech National Center for Earth and Environmental Nanotechnology Infrastructure）

NanoSIMS—纳米二次离子质谱

NASA—美国国家航空航天局（National Aeronautics and Space Administration）

NASEM—美国国家科学院、工程院和医学院（National Academies of Sciences, Engineering, and Medicine）

NCALM—国家航空激光测绘中心（National Center for Airborne Laser Mapping）

NCAR—美国国家大气研究中心（National Center for Atmospheric Research）

NCEI—美国国家环境信息中心（National Centers for Environmental Information）

NCSES—国家科学与工程统计中心（National Center for Science and Engineering Statistics）

NENIMF—东北国立大学离子微探针设备（Northeast National Ion Microprobe Facility）

NEON—国家生态观测站网络（National Ecological Observatory Network）

Neotoma—纽托马古生态学数据库（Neotoma Paleoecology Database and Community）

NERC—英国自然环境研究理事会（National Environment Research Council）

NETL—国家能源技术实验室（National Energy Technology Laboratory）

NGA—美国国家地球空间情报局（National Geospatial-Intelligence Agency）

NHMA—自然灾害任务区（Natural Hazards Mission Area）

NIFA—国立食品与农业研究院（National Institute of Food and Agriculture）

NIH—美国国立卫生研究院（National Institutes of Health）

NNA—探索新北极（Navigating the New Arctic）

NOAA—美国国家海洋和大气管理局（National Oceanic and Atmospheric Administration）

NRC—美国国家研究理事会（National Research Council）

NROES—地球科学新的研究机遇（New Research Opportunities in the Earth Sciences）

NSF—美国国家科学基金会（National Science Foundation）

NSL—国家泥沙实验室（National Sedimentation Laboratory）

OAC—先进信息基础设施办公室（Office of Advanced Cyberinfrastructure）

OCE—海洋科学处（Division of Ocean Sciences）

OIA—综合活动办公室（Office of Integrative Activities）

OISE—国际科学与工程办公室（Office of International Science and Engineering）

OpenTopo—开放地形高分辨率数据及工具设施（OpenTopography High Resolution Data and Tools Facility）

OpenTopography—开放地形

OPP—极地项目办公室（Polar Programs）

ORLC—橡树岭领导计算设施（Oak Ridge Leadership Computing Facility）

OSTP—科技政策办公室（Office of Science and Technology Policy）

P2C2—古气候变化视角（Paleo Perspectives on Climate Change）

PASSCAL—大陆岩石圈台阵研究计划（Portable Array Seismic Studies of the Continental Lithosphere）

PBO—板块边界观测（Plate Boundary Observatory）

PETM—古新世‐始新世极热（Paleocene-Eocene Thermal Maximum）

PGC—极地地理空间中心（Polar Geospatial Center）

PRIME—普渡大学稀有同位素实验室（Purdue Rare Isotope Measurement Laboratory）

PRISM—参数-高程回归独立坡度模型（Parameter-elevation Regressions on Independent Slopes Model）

RC CZO—雷诺兹溪关键带观测站（Reynolds Creek Critical Zone Observatory）

RCEW—雷诺兹溪实验流域（Reynolds Creek Experimental Watershed）

RCN—研究协调网络（Research Coordination Network）

SAFOD—圣安德列斯断层深部观测（San Andreas Fault Observatory at Depth）

SAGE—促进地球科学发展的地震设施（Seismological Facilities for the Advancement of Geoscience）

SBE—社会、行为与经济科学部（Directorate for Social, Behavioral & Economic Sciences）

SCEC—南加州地震中心（Southern California Earthquake Center）

SEED-WSC—科学、工程与教育的可持续发展——水资源可持续性与气候（Science, Engineering and Education for Sustainability-Water Sustainability and Climate）

SEISMS—诱发地震与应力的科学勘探（Scientific Exploration of Induced Seismicity and Stress）

SFA—科学重点领域（Scientific Focus Area）

SfM—运动恢复结构（Structure from Motion）

SH CZO—页岩山关键带观测站（Shale Hills Critical Zone Observatory）

SIMS—二次离子质谱（secondary ion mass spectrometry）

SitS—土壤中的信号（Signals in the Soil）

SMAP—土壤水分主动-被动探测卫星（Soil Moisture Active Passive）

SS CZO—南部锡拉山关键带观测站（Southern Sierra Critical Zone Observatory）

STEM—科学、技术、工程和数学（Science, Technology, Engineering, and Mathematics）

SWOT—地表水和海洋地形测量卫星（Surface Water and Ocean Topography）

SZ4D—俯冲带四维研究（Subduction Zones in four Dimensions）

TRIPODS—数据科学原理跨学科研究（Transdisciplinary Research in Principles of Data Science）

UCLA SIMS—加州大学洛杉矶分校二次离子质谱实验室（University of California, Los Angeles, Ion Probe Lab）

ULVZs—超低速区（ultra-low velocity zones）

UNAVCO—美国卫星导航系统与地壳形变观测研究大学联合会（University NAVSTAR Consortium）

USACE—美国陆军工程兵团（U.S. Army Corps of Engineers）

USArray—美国地震台阵

USDA—美国农业部（U.S. Department of Agriculture）

USFS—美国林务局（U.S. Forest Service Network）

USGS—美国地质调查局（U.S. Geological Survey）

UTCT—得克萨斯大学高分辨率计算机 X 射线断层成像设备（University of Texas High-Resolution Computed X-Ray Tomography Facility）

VHP—火山灾害计划（Volcano Hazards Program）

Wisc SIMS—威斯康星大学二次离子质谱实验室（University of Wisconsin SIMS Lab）

XSEDE—极限科学与工程发现环境（Extreme Science and Engineering Discovery Environment）

译 者 后 记

地球是人类迄今为止唯一的家园，如今人类作为地质营力，正在快速影响和改变着这个宜居家园。百余年化石能源造成的碳排放，让大气的温室气体浓度水平达到百万年来的新高。资源短缺、生态破坏、环境污染、灾害频发，地球的面貌因人类而改变。地球科学不仅要认识这些问题，理解地球快速变化的过程和机制，而且要解决这些问题，为应对灾害、化解风险提出技术方案。

作为一门对"时间"有着深刻理解的学科，地球科学连接着人类与自然，也连接着过去和未来，将今论古是为了理解，将古论今是为了应对。在宏微交替的时空视域下探究地球，是当代地球科学工作者的职责使命。美国国家科学基金会发布的这本 *Earth in Time*，就是对这个问题的思考与回应。本书针对地球科学的优先发展方向、基础设施、合作关系的重大问题和挑战，进行了全面系统的总结和展望，并对地球科学学科界限的超越，以及科学、技术、工程、社会、人文的加速渗透融合提出了全新的要求。

地球科学家的思维方式面临变革。首先，要敞开胸怀，摈除学科的门第之见。地球活动的时间尺度可以从几秒钟的地震到几十亿年的漫长演化，空间尺度可以从矿物微区到全球变化，仅在单一学科里寻找选题或依靠传统方法技术手段，就不可能解决复杂的地球过程以及重大的资源能源、环境灾害问题。只有彼此借鉴不同领域的思想、方法和技术，进行协同配合、综合集成，才有可能刺激创新和发现。跨学科、跨地域合作必将越来越广泛，下一代地球科学家必须超越学科界限，具有全球乃至宇宙视野，从而对不同时空尺度下的生物、物理、化学过程和人类动力学加以系统化的深度融合。

其次，必须重视技术设备与数理科学。科学规律的发现越来越离不开一流的技术设备与数理基础的支持，如同步辐射等大科学装置提供的先进技术，以及全球性的生物物理化学模型的创建，在地学研究中会越来越重要。相比其他学科，我国地球科学对技术创新和数理基础缺乏足够的重视。未来要实现高水平科技自立自强，必须培养、吸引和壮大高技术人才队伍，开发新仪器与新技术，加强基础设施建设，来长期获取更多高质量的科学数据。与此同时，还要加强数据科学、计算科学和分析工具的发展，迎接地学研究的范式转变。

最后，要吸引多方力量参与地球科学建设。地球科学研究的结果直接影响人类的生活和未来，多方参与可以推动地球科学的普及和推广，激发人们的好奇心，让更多的人理解、欣赏并投身于这个伟大事业，从而促进人员的多元化，提升地学的竞争力。同时，也有利于地球科学家从各方需求中发现新问题，提出新目标，及时将地球科学的研究进展转变为社会的进步。未来促进科学创新的关键，将不只是增加资金的投入，而是在政府、工业界、学术界、基金会和公众之间，共同绘制一幅幅美好的蓝图，从而推动更强大的合作关系。

为推动跨学科交叉融合，使更多科研工作者拓宽学术视野并及时了解国际学术前沿与发展动态，中国科学院地质与地球物理研究所科技处组织了本书的翻译工作。感谢研究所领导和同事们的大力支持，才有了本书的出版。张尉和段晓男负责完成全书统稿、审读、修订及校对工作。付扬、刘迪、吕文敏、马子琦、赵文斌、周圆全等参与了初稿的翻译；崔振东、戴丽君、郭正府、黄天明、黄晓林、李金华、李录、李守定、李玉龙、林巍、刘杰、毛亚晶、倪喜军、万博、王二七、王相力、肖萍、许晨曦、赵亮、赵盼等众多所内外不同学科领域的专家审阅了关键章节，并提出了建设性修改意见。朱日祥院士为本书撰写了精彩的序言。韩鹏编审与孟美岑博士为出版工作付出了宝贵的精力。在此，谨向所有给予帮助的院士、专家、领导、同仁们致以诚挚的感谢和由衷的敬意！

需要说明的是，由于涉及学科宽泛、专业性较强，翻译难度较大，本书离"信达雅"有一定距离，存在一些翻译上的不足和缺陷。敬请各方专家和读者在阅读过程中能够理解和包容，并结合自身专业知识进一步思考和讨论，也诚望大家批评指正。

译　者

2023 年 3 月 15 日